貓咪
學問大

人類最想問的
80 個喵什麼
Desmond Morris
Catwatching

德斯蒙德‧莫里斯◎著　王竹君◎攝影　黃建仁◎譯

目錄

引言　009

貓的簡史　017

貓為什麼呼嚕呼嚕叫？　027

為什麼貓的英語是 Cat？　029

貓如何發出呼嚕呼嚕聲？　030

貓的聽覺有多靈敏？　033

貓可以發出多少種聲音？　035

Catgut是什麼？　043

貓的鬍子有何用途？　044

貓如何做到用腳落地？　046

為什麼貓眼在暗處會發亮？　047

為什麼貓眼會縮小成一直線？　048

貓的眼睛會發出什麼訊號？　050

貓為什麼喜歡被撫摸？　053

貓看得到顏色嗎？　054

有什麼有些貓打招呼時會用後腳跳？　055

為什麼貓看到你時會翻滾仰臥？　057

為什麼不喜歡貓的人反而會吸引貓接近？　058

為什麼我們會說「沒有空間擺動貓」來形容空間狹小？　059

為什麼貓打招呼時會磨蹭你的腳？　060

貓為什麼生悶氣？　062

為什麼貓有時會拒吃？　065

貓的味覺有多敏銳？　069

貓為什麼要喝髒水？　071

什麼東西對貓有毒？　073

為什麼貓對貓薄荷的反應這麼大？　078

為什麼有時候貓會先玩弄獵物之後再殺死？　081

為什麼貓看到小鳥飛過窗子，牙齒會發出打顫的聲音？　083

為什麼貓盯著獵物看，會來回擺動頭？　084

貓如何準備自己的食物？ 085

為什麼貓要把剛捕到的獵物帶給飼主？ 087

貓擔任有害生物殺手的效率有多高？ 089

什麼味道會使貓反感？ 090

貓為什麼要把排泄物埋起來？ 093

貓為什麼要吃草？ 094

貓為什麼有九條命？ 095

貓為什麼要花那麼多時間理毛？ 098

貓的毛有幾種類型？ 101

明明臉不髒，貓為什麼還是要舔臉？ 103

一隻貓的領土有多大？ 106

貓有多愛交際？ 108

為什麼我們會說「他讓貓跑出了袋子」？ 110

貓的耳朵會發出什麼訊號？ 111

貓為什麼搖尾巴？ 114

為什麼貓被關在門外時會一直呼叫，進門後又照樣叫？ 116

貓有沒有超感知覺？ 118

為什麼貓要發出嘶嘶聲？ 121

貓怎麼打架？ 122

為什麼貓看到陌生的狗會拱起背？ 125

貓尾巴可以發出多少種訊號？ 127

貓如何求偶？ 131

為什麼公貓在交配時會抓母貓的頸背？ 134

為什麼公貓叫Tom？ 135

為什麼母貓在交配過程會尖叫？ 136

母貓在餵小貓時，小貓如何避免爭吵？ 138

母貓如何對待新生小貓？ 139

母貓會餵別人的小貓嗎？ 142

小貓長大的速度有多快？ 144

同一窩小貓可不可能有好幾個爸爸？ 146

翻花繩遊戲的起源是什麼？ 149

為什麼白貓是不稱職的母親？ 150

小貓在遊戲時，為什麼會把玩具揮到空中？ 153

小貓如何學會殺戮？ 155

為什麼我們會說某人「生小貓」？ 156

貓年老時會有怎樣的行為？ 157

為什麼貓要抓破你心愛的椅子？ 159

為什麼貓要將幼貓移到新窩？ 162

貓最初被馴養是在何時？ 164

為什麼曼島貓沒有尾巴？ 166

馴養過程對貓造成哪些改變？ 168

虎斑貓的歷史為何？ 170

為什麼有那麼多貓品種來自東方？ 174

誰是貓界的巨人和侏儒？ 178

溫度如何影響貓毛的顏色？ 181

貓能不能預測地震？ 183

貓展是從何時開始？ 185

是否有些貓品種不正常？ 187

貓會玩哪些遊戲？ 191

最貴的貓有哪些？ 196

為什麼我們會用it is raining cats and dogs來形容傾盆大雨？ 198

為什麼許多黑貓身上有少許白毛？ 199

為什麼黑貓會帶來好運？ 202

編按：掩埋排泄物關係貓的社交地位，地位高的貓並不會掩埋排泄物。
請詳見書內「貓為什麼要把排泄物埋起來？」一則。

莫里斯的《貓咪學問大》是集結行為分析、生理學指南、彩虹光譜之貓生百態、貓人關係繁複屬性的迷你「貓類學」（feline-pology）博物誌。這是送給貓戀人的教戰手冊，悉心把梳曼妙貓兒的種種精采謎題。從日常生活相處必備的小知識（例如呼嚕聲響總集編，貓鬍鬚如何測量周遭地勢分析），偶爾涉獵超新星秘譚的通幽蹊徑（類似奇幻物語的辨音高手風姿、蛇樣的嘶叫震懾巨大物種……），作者的幽默感與愛意滿懷，精確優雅如貓步的好看說書，造就一部美味的貓學通關指南：從貓瞳孔分析學到貓兒類型解說皆琳琅滿目，不啻為貓尾銀河導覽拼盤。

撈起這本書，擺上一盤適合貓伴侶享用的白煮嫩雞肉，躺入沙發，就著依偎於身旁、捲成渾圓星球模樣的毛茸茸摯愛對象，一起愉悅探究貓宇宙的無盡夜色吧！

——洪凌（作家，小黑豹王阿烈孚的三合一玩伴）

自有歷史以來，有關寵物的好壞，在飼主之間就極為壁壘分明的分成貓派跟狗派，狀況與推理迷們在小時候為了捍衛福爾摩斯或亞森羅蘋一樣的激烈，主題永遠不變，討論總是熱烈。也因此，市面上有關貓的書雖然不至於多如牛毛，卻也絕對不少於貓鬍。而像我這種對討論貓貓狗狗的書甚為挑剔，經常覺得很多書是在招搖撞騙的「專業人士」來說，《貓咪學問大》這本書還真是極少數讓我從頭看到尾，一下就看完還會點頭稱是的書呢。

因為它用八十個吸引人的主題，解釋了各種甚至能在獅子老虎等大型貓科動物上驗證的貓咪行為、對英文中與貓有關的諺語俗語做了解釋；當然也不會遺漏貓的馴化歷史及飼養背景。有這樣一本書在手，就（讓我們自以為能夠）掌握了貓的一顰一笑、一舉一動所代表的意義。

不管你是不是貓迷，下回再看到貓時，都多觀察幾下，驗證一下作者說的是否不錯吧。因為就連青蛙迷如我，也把這本書當成貓咪聖典了呢！

——張東君（科普作家）

借由一本書來偷窺解析這個神秘又獨特的貓科動物，實在是讓人興奮。透過筆者的分析描述，發現原來人類跟牠們有好多屬性相同，讓人不覺莞爾。男人比較容易集體在團體中訓練，偏向團體忠誠，可以一起狩獵，發揮守護的功能性，而女人就比較偏向貓，缺乏團隊精神，獨立不喜歡被控制，個性多變，對於沒興趣的事物完全提不起勁（這時候不禁暗自偷笑，怎麼形容的這麼像啊）。我猜把女人比喻成貓的人，應該是非常了解這箇中趣味吧。

　　人與貓之間的關係很微妙，養貓的人似乎沉浸在當奴隸的快感，從來不會想要讓貓馴服於自己的威嚴下，讓貓任意享受自我存在的重要性。喜歡貓的人永遠都知道要給予彼此適當的空間和距離，才能讓情感更加緊密延續，這些都是在貓身上學來的學問。

　　小時候常常會問媽媽問老師「為什麼」？長大之後卻反而不太愛問了。第一面子掛不住，第二好像也沒那麼多為什麼了。或許經過歲月的洗禮和成長後，認為很多事就是這樣理所當然，漸漸失去了觀察能力。這幾年開始接觸攝影之後，藉由影像的魅力開始啟動好奇心，有許多的疑問不斷在腦海中浮現。讀完整本《貓咪學問大》之後，看過由專家擬人化的有趣解說，更深刻體驗到，這一輩子要跟動物學的學問還好多喔。

——貓夫人

引言

　　家貓是很矛盾的動物。沒有動物像貓一樣,一方面可以跟人發展出親密關係,卻又要求活動及行動的獨立自主,而且如願以償。狗或許是人類最好的朋友,但很少有狗獲准自行在各家花園和街上閒晃。天性服從的狗必須由人帶著遛;任性的貓則是獨自遊蕩。

　　貓過著雙重生活。在家裡,牠就像一隻過度成熟的小貓咪,老是凝望著主人。到了戶外,牠則是徹頭徹尾的成貓,是自己的主人、自由生活的野生動物,機警又自足;此刻,牠的腦袋裡完全沒有人類保護者的容身處。觀察這種溫馴寵物與野生動物之間的身分轉換相當有趣。任何一位貓主人如果曾在街上巧遇自己的寵物貓,就會明白我的意思;因為貓科動物的街頭肥皂劇裡滿是性與暴力。在某一瞬間,這小動物完全著迷於求偶或爭奪地位的激烈劇情中,然後,牠眼角突然瞥見主人正在觀看。牠一時間陷入了雙重情境的精神分裂,躊躇了一下,接著這小動物跑過街道,磨蹭著主人的腳,又再度變成一隻溫馴的小貓咪。

　　貓之所以努力維持溫馴動物的模樣,是因為眷養。由於在幼貓和小貓時期與其他的貓(母貓與同一窩兄弟姊妹)及人類(認養牠的家庭)一起生活,貓會認同貓類和人類的身分,而且自視同時屬於兩個物種。這就像小孩在國外長大,結果造就出雙語能力的情形一樣;對貓而言,則是變成具有雙重心理。生理上牠是一隻貓,但在心理層面,牠既是貓,也是人。不過在長大成貓後,牠的多數反應都屬於

貓科動物反應，對主人就只剩下一種主要反應：將主人視為「擬父母」。這是因為在小貓發展過程的敏感階段，主人取代了真正的母親，並在其成長過程中繼續餵牛奶和固體食物，並提供舒適生活的緣故。

人貓之間的關係，跟人狗之間發展出來的緊密情感截然不同。狗跟貓一樣，會將人類主人視為擬父母。在這一點上，兩者之間的聯繫類似。不過，狗比貓多了一個連結。由於狗是群居動物，而且個體之間有緊密的支配狀態：有上層狗、中層狗及下層狗，而且牠們在自然環境下會集體行動，隨時彼此監控。因此，寵物成犬會將其人類家人視為擬父母及其群體中的支配者，也因而造就了眾所皆知的服從口碑和遠近馳名的忠心能力。雖然貓也有複雜的社會組織，但牠們從不集體狩獵；在野生環境中，貓的大半時間都花在單獨追捕獵物上。所以，和人類一起出門散步對牠們一點吸引力都沒有。而且貓對「跟著走」和學習「坐下」及「等一下」同樣沒興趣。這種把戲毫無意義。

因此，當貓說服人類把門打開時（貓最痛恨的人類發明物就是門），牠會立刻出門離開，絕不回頭。當貓跨過門檻時，心理狀態就轉變了：「寵物小貓」的大腦立刻關閉，「野貓」大腦隨即開啟。狗在這個情況下，可能會回頭看看人類夥伴有沒有跟來加入有趣的探險，但貓不會，貓的心思早就飄到另一個全然屬於貓科動物的世界了；在那個世界裡，雙腳站立的異族猿類毫無立足之地。

由於這項家貓與家犬之間的差異，愛貓者與愛狗者也明顯不同。一般來說，愛貓者在獨立思考與行動方面具有較強的人格特質。藝術家就像貓；士兵則像狗。最受推崇的「團體忠誠」現象，對貓與愛貓者而言完全格格不入。如果你是一名公司職員、幫派份子、同好團體的一員，或是軍隊菁英，你家裡應該不會有貓蜷曲在壁爐前面。野心勃勃的雅痞、充滿抱負的政治家、職業足球員，這些都不是典型的貓主人。你很難想像一名英式橄欖球員膝上趴著一隻貓的畫面；但比較

容易想像他出去遛狗。

研究貓主人與狗主人的人指出，這兩者不僅族群不同，也有性別上的偏差。愛貓者中較大比例是女性。從人類演化中發展出來的分工來看，這並不令人驚訝。史前時代的男性逐漸變成專門的集體獵人，而女性則專注於蒐集食物與養育子女。這樣的差異導致人類男性的「集體心態」，而女性身上幾乎沒有這個特徵。家犬的野生祖先——狼，也演化成集體獵人，因此，現代犬類與人類男性的共通點比女性多更多。反女性的評論者可能會指出，女性與貓一樣缺乏團隊精神；反男性的評論者也可能指出，男性與狗一樣都是狐群狗黨。

貓科動物的自我滿足與個人主義，對上犬科動物的同儕忠誠與親密友情，這樣的爭論永不會休止。但是有一件重要的事必須說明，為了讓論點站得住腳，我將兩個立場都誇張化了。事實上，有許多人同樣喜歡狗和貓陪伴，而且我們所有人（或幾乎所有人）的個性中，都同時具備了貓科動物與犬科動物元素。我們都有希望獨處和沉思的時刻，也有想要置身於擁擠、嘈雜房間中的時刻。

人類跟貓和狗這兩種動物早已簽下正式契約。我們與牠們的野生祖先之間形成了不成文且無法言說的緊密關係；我們提供食物、飲水和保護，換取牠們的職責表現。狗的職責很複雜，包括整個狩獵工作，以及保護財產、保衛主人不受攻擊、消滅有害生物，以及擔任拉貨車與雪橇的馱獸。到了現代，我們賦予這有耐心又肯吃苦的犬科動物更大的職責，包括導盲、追蹤罪犯及賽跑等。

對貓而言，古代契約的條款就簡單多了，而且一直維持不變。貓的職責包括一個主要任務和一個次要任務。首先，牠們必須擔任有害生物防治員，其次就是當一隻家庭寵物。由於貓是單獨狩獵小型獵物的獵人，所以在野地裡對人類獵人用處不大。而且貓的生存方式不是仰賴互助求生的緊密組織社群，不會對家中入侵者產生警示反應，因此不太適合當財產守護者或主人護衛。再說，貓體型太小，完全無法

像駝獸提供協助。在現代，除了與狗一同分享理想家庭寵物的光榮，以及偶爾分享電影與戲劇中的演技榮耀之外，貓對人類並沒有多樣化的用處。

雖然貓與人類事務的牽連不深，但對人類卻有很深的影響。根據最新估計，不列顛群島的貓狗數量幾乎一樣多：貓約有五百萬隻，狗則有六百萬隻。在美國，貓的比例則稍微遜色，大約是兩千三百萬隻貓比四千萬隻狗。即便如此，這仍是很龐大的家貓族群，而且，也許這沒差，但數字可能還低估了。雖然現在仍有少數的捕鼠貓恪守有害生物消滅者的古代職責，但今日絕大多數家貓都是家庭寵物或野生倖存者。關於家貓，有些是精心培育的純種貓，但大部分是混種貓。純種貓與混種貓的比例，可能比純種狗與混種狗的比例來得低。雖然貓展與狗展一樣競爭激烈，但貓展比較少，就如同有資格參展的貓品種較少一樣。由於沒有太多品種參與演化，因此少有早期的品種特化（Breed Specialization）。的確，幾乎可以說沒有品種特化。所有品種的貓都是捕鼠高手，也不需要演化出更多種。因此，對於毛的長短、顏色或樣式，或是身材比例的修正，純粹是基於各地民情偏好及主人突發奇想而生。雖然這造就出某些相當漂亮的純種貓品種，但其差異程度遠不如不同狗種之間的差異來得驚人。在貓界，並沒有相當於大丹犬（Great Dane）、吉娃娃（Chihuahua）、聖伯納犬（St Bernard）或臘腸狗（Dachshund）的品種。貓的毛型和毛色有相當多變化，但身形和體型的變化非常少。一隻真正大貓的重量約有十八磅（約八公斤），最小的則約為三磅（約一‧四公斤）。這表示，即使是最極端奇特的貓，大型家貓也只有小型家貓六倍重；相較之下，聖伯納犬的重量可達小約克夏犬（Yorkshire Terrier）的三百倍。換言之，犬種之間的重量差異比貓種之間的重量差異大了五十倍之多。

現在談到棄養及選擇野生生活的貓（亦即野生族群），我們也發現顯著差異。在人類文明較少的區域，流浪狗會形成自給自足的群

體，而且不需人類協助就開始自行繁殖和覓食，但這樣的群體幾乎不存在於都會或郊區。的確，在現代擁擠的歐洲國家，牠們幾乎不存在。即使是農村地區也無法供牠們存活。即使有野生群體形成，很快就會遭到農業社群獵捕，以防牠們攻擊農家的家畜。野生貓群的情況則大不相同。每個大城市都有龐大的野貓族群。由於隨時都有新的流浪貓加入，消滅行動通常會失敗。而且，人們也不覺得消滅野生貓有多大的必要，因為牠們會繼續執行其古老的有害生物防治功能而得以存活。然而，在人類介入並藉著施毒而剷除鼠類族群的地方，野貓得靠小聰明才能活下去，牠們會翻垃圾桶，或向心軟的人類乞食。這些陋巷野貓族群中，有許多是處於存活邊緣的可憐生物。野貓的適應力驚人，而且事實證明，就算經過千年眷養，貓的大腦和身軀依然相當接近野生狀態。

然而，貓的苦難有一大部分也要歸咎於牠們的適應力。由於貓即使遭到丟棄和棄養仍然「可以」存活，使得人們更容易隨意棄貓。之後，這些野貓大多必須在惡劣的都會條件下苟活終老，也就是說，流浪貓靠著人類社會的垃圾和污物苟延殘喘——這個事實可能反映出牠們的生活多艱困；但這對貓的存在是一種扭曲。我們容忍這情形，只不過再次證明人類一再可恥地違反古代人貓的契約。不過，這一點也比不上數百年來我們有時虐待、折磨貓的殘酷手段。我們太常遷怒於貓，情況嚴重到甚至流行一種說法來描述這現象：「……然後辦公室小弟踢了貓」（and the office boy kicked the cat），這種說法闡明了來自上層的侮辱轉向發洩到更低社會階層的方式，而貓則位於階層最底端。

所幸有一個事實足以與上述情況抗衡，那就是絕大多數擁有寵物貓的家庭都小心照料並尊重牠們。貓有辦法得到主人寵愛，除了足以激發強烈父愛和母愛的「小貓般」的行為外，還會表現出全然的優雅。貓散發出來的高雅和沉靜，迷惑著人類雙眼。對敏感的人類而

言，與貓共享一個房間成為一種特權，可以盡情感受牠用磨蹭打招呼，或者看著牠在軟墊上緩緩將自己蜷曲成球狀打盹。對數百萬孤獨的人（其中有許多人在生理上無法長距離遛狗）而言，貓是最理想的伴侶。尤其是必須被迫獨自度過晚年的人，貓的陪伴是難以估量的回報。就連現代社會中嚴肅的衛道人士，雖然因頑固冷淡且乏味自私而力圖剷除所有形式的寵物飼養，也會好好考慮他們的行動可能導致的結果。

　　由此帶出這本《貓咪學問大》的目標。身為動物學家，我在不同時期關注過貓家族的多數成員，範圍從身軀龐大的老虎到嬌小的山貓、身強力壯的美洲豹到袖珍的豹貓、孔武有力的美洲虎到稀有的小豹貓都包含在內。我家裡幾乎隨時都有家貓等門，有時迎接我的甚至是滿櫥櫃的小貓咪。小時候住在英國威爾特郡近郊時，我經常躺在草皮上觀察農場的貓熟練地躡手躡腳靠近獵物，或監視著乾草堆上的貓窩（母貓會在裡頭哺乳不停扭動的小貓）。我很年輕的時候就養成觀察貓的習慣，這個習慣跟了我近五十年。由於我和動物之間有專業領域上的關係，所以經常有人問我有關貓的行為問題，而且我很驚訝，多數人似乎對這些神祕有趣的動物不甚了解。即使是溺愛寵物貓的人，對於貓複雜的社交生活、性行為、侵略或狩獵技巧也都只是一知半解。他們很了解貓的心情且過度在乎，但並未特地研究自己的寵物。某種程度上來說，這並非飼主的錯，因為許多貓科動物的行為發生在廚房和客廳這個大本營之外。因此，我由衷希望，認為對自己的貓瞭若指掌的人，可以藉由閱讀這本書，稍稍更進一步認識身邊的優雅伴侶。

　　我採用的方式是安排一系列基本問題，然後提供簡單明瞭的答案。市面上已經有許多照料貓的好工具書，其中包含有關餵食、準備棲身處及獸醫治療的所有常用細節，也有各種貓品種及其個性的類別清單。我在本書中不會重複那些，而是提供一本不同類型的貓書。本

書著重貓科動物行為,並對數年來我碰到的各種問題提出解答。如果我的目的達到了,那麼下次當你碰到貓時,應該就能以更貼近貓科動物的方式來觀看世界。一旦踏出第一步,你將會發現自己對貓的迷人世界有更多問題,也許也會產生認真觀察貓的強烈慾望。

貓的簡史

　　就我們確切所知，貓在三千五百年前已完全被馴養；古埃及的記載可供佐證。不過我們並不知道馴養過程從何時開始。位於約旦耶利哥（Jericho）的新石器時代遺址曾發現九千年前的貓化石，但是並沒有證據證明那些是馴養的貓。之所以難以證明，是因為貓的骨骼從野生到馴養幾乎沒有變化。除非有明確的記載和詳細的圖片（例如從古埃及獲得的），否則我們無法確認野貓已演變成家貓。

　　有一件事能確定：在新石器時代的農業革命之前應該從未有貓被馴養。在這一點上，貓與狗不同。在農業時代來臨前，狗就已經扮演了吃重角色。早在舊石器時代，史前獵人已懂得充分利用具備優異嗅覺與聽覺的四足狩獵夥伴。不過，在早期人類踏入農業時代並開始儲存大量食物前，貓對人類沒什麼價值。具體來說，幾乎在人類獵人穩定下來成為農人的同時，穀倉便吸引了數量龐大的鼠類。在早期城市中的穀倉很大，人類守衛幾乎不可能伏擊老鼠並撲殺足夠數量以達到殲滅目的，甚至連防止繁殖都做不到。齧齒目動物的大規模侵擾，想必是城市居民所知的最早災難。對慘遭騷擾的儲糧處而言，獵食鼠類的肉食動物肯定是天賜神兵。

　　我們很容易能想像這個畫面：有一天，某人不經意看到一些野貓在穀倉外逗留並抓走老鼠。那麼，何不推牠們一把？就貓而言，整件事肯定難以置信：身邊居然到處都是東竄西跑的大餐，規模之大前所未見。永無止盡藏身暗處的日子已然結束。如今，貓唯一的工作就是

在巨大的穀倉附近悠哉閒晃，等著大啖吃飽穀物的肥碩齧齒目動物，彷彿置身在美食超市裡。從這個階段到為了對付愈來愈嚴重的有害動物損害而收留及養貓，應該是很簡單的一步；因為雙方都互蒙其利。

由於現代人擁有優異的有害動物防治方法，因此很難想像貓對早期文明的重要性，不過，古代埃及人對心愛貓類的態度有助於凸顯貓的重要。舉例而言，貓被視為神聖不可侵犯，殺貓者死。如果家中有貓自然死亡，家裡所有人都必須服喪，其中包括剃掉眉毛。

埃及的貓在死後會以完整儀式防腐，屍體以不同顏色的包裝綑綁，臉上會覆蓋木雕面具。有些貓會安放在貓形木棺，其餘則裝在禾桿編織的容器中。牠們會安葬在數量龐大的貓墓園；園中長眠的貓數量之多，達數百萬之譜。

貓神稱為貝絲特（Bastet），意指「巴斯特之女」（She-of-Bast）；重要的貓神殿座落於巴斯特城，每年春天有約五十萬人聚集於此參加宗教節慶。每次節慶中會埋葬約十萬具貓木乃伊，向貓的聖女致敬（據推測，那應是聖母瑪麗亞的前身）。據說，貝絲特節慶是整個古埃及最受歡迎且參加人數最多的節慶；節慶的成功可能與其中包含了狂野又狂歡的慶祝活動及「儀式狂潮」不無關係。對貓的膜拜確實很受歡迎，且延續了近兩千年，直到西元前三百九十年才正式禁止；不過在此之前，膜拜貓的情況早已榮景不再。儘管如此，其全盛期仍反映出埃及文明對貓的崇高敬意，而且目前遺留的許多美麗貓銅雕也證明了埃及人對其優雅外型的欣賞。

相較於古代對貓的崇拜，有一個令人難過的對比，那就是英國人在上世紀大舉破壞貓墓園。只要一個例子便足以說明：他們曾經用船一次將三十萬具貓木乃伊托運到利物浦，然後碾碎，做為當地農夫的農田肥料之用。整個事件中只有一個貓頭骨倖存，目前存放在大英博物館中。

對於這種褻瀆行為，早期的埃及人可能會要求三十萬條人命，一

命償一命；畢竟他們曾將一名羅馬士兵的四肢一一扯斷，只因為他傷害了一隻貓。他們不僅崇拜貓，更明令禁止出口。這導致不斷有人嘗試將埃及的貓走私出去當作高級家庭寵物。古代的腓尼基人就類似現代的二手車商人，他們將誘拐貓視為難以抗拒的挑戰，而且將高價的貓迅速運到整個地中海地區生活煩膩的有錢人手上。此舉可能惹惱了埃及人，但對古代那些貓而言則是好消息，因為牠們被引進新的地區當作珍貴寶物而備受呵護。

橫行歐洲的鼠患將貓的有害動物防治員地位更往上推，此情況也迅速擴散整個歐陸。羅馬人要為此負上大部分責任，而且正是他們將貓帶進大不列顛。我們之所以知道貓在隨後的幾世紀中得到無微不至的照顧，是因為文獻記載了殺貓的刑罰。雖然比不上古埃及的極端，但罰繳一隻羔羊或綿羊仍屬不輕。有一位十世紀的威爾斯國王曾想出一個罰則，正反映出他對死貓的重視。貓的屍體要從尾巴吊起來，貓鼻觸地；而殺貓者的刑罰則是用穀物堆在貓屍上，直到淹沒整具屍骸為止。這些充公的穀物清楚顯示出，一隻活貓大概可從鼠類肚子拯救多少穀物。

然而，貓的美好時光並未延續。中世紀時，在基督教會的煽動下，歐洲的貓族群遭逢數世紀的凌遲、苦難和死亡。由於貓與早先的異教徒儀式有關，因而被宣告為邪惡生物、撒旦代理人及女巫同路人。各地基督教徒受到鼓動，極盡所能虐待貓，愈痛苦愈好。神聖不可侵犯的地位變成被慘遭詛咒。基督教節日時，貓被公開活活燒死。在教士的慈惠下，數十萬隻貓慘遭剝皮、釘上十字架處死、毒打、炙烤，以及從教堂高塔頂端扔下，這些惡毒行徑被視為驅除耶穌假想敵的方法。

幸好，家貓歷史中的那段悲慘時代只有一件事殘留下來，那就是迷信黑貓與運氣有關。不過其間的關聯並非總是顯而易見，因為當你在不同國家旅行時，與黑貓有關的運氣會從好的變成壞的，這造成不

少混淆。舉例來說，黑貓在英國代表好運氣，但在美國和歐陸則通常代表壞運氣。在某些地區，人們看待這個迷信的態度還頗嚴肅。例如數年前在義大利，一位有錢的餐廳老闆某天深夜開車回那不勒斯南部的家，正巧一隻黑貓從他車前方跑過。他隨即將車停在路邊，除非那隻貓回來（將壞運氣「解除」），否則無法繼續上路。後來有一輛巡邏警車看到他深夜停在偏僻的路上，便停下來詢問他。警官們知道緣由後也不肯繼續往前開，怕把壞運氣帶到身上，所以他們也坐在車上等那隻貓回來；由此足見貓迷信有多麼根深蒂固了。

雖然迷信依然流傳，但如今貓再次成為備受寵愛的家庭寵物，就像古埃及時一樣；也許不像當時那般神聖不可侵犯，但仍受到高度尊敬。教會的殘酷迫害也早已不復見，因為老百姓拒絕殘殺貓，加上十九世紀出現了比賽型貓展和純種貓的繁殖，使貓的地位再次大幅提升。

如稍早所述，貓並未如狗一般為了各種工作任務需求而繁殖出許多不同類型，不過仍有不少地區性的演化，不同國家的貓出現了顏色、外貌及毛長度上的變異，幾乎算是偶發。十九世紀的旅人開始收集在國外碰到的奇形怪貌的貓，並運回維多利亞時代的英國。他們小心翼翼地繁殖，強化那些貓的特色。貓展愈來愈受歡迎，而且在過去一百五十年中，有超過一百種不同的血統品種被訂出標準，在歐洲及南美洲登記。

這些現代品種似乎全都屬於同一個種：*Felis silvestris*，意即「野貓」，不僅彼此之間可以混種繁殖，與野生*sylvestris*的所有種類也可以混種繁殖。在貓被馴養的最初時期，埃及人從馴養北非品種的*Felis silvestris*開始。直到近期，該品種才被視為不同的種，並命名為*Felix lybica*。目前已知此種只有一個品種，且定名為*Felix sylvestris lybica*。這種貓比歐洲品種的「野貓」體型更小且更纖細，也更容易馴養。但是當羅馬人在歐洲各處擴展時，他們帶著自己的家貓，其中有些與矮

胖的北方「野貓」交配，生出體重較重、身材較結實的後代。今日的現代貓反映出這一點：有些貓很大、很強壯（例如多數的虎斑貓），有些貓則身形較長也更稜角分明（例如各種暹羅貓品種）。暹羅貓和其他身形較纖細的品種，很可能比較接近埃及的原始品種，也就是牠們被馴養的祖先；那些祖先早已散布全世界，而且與體格壯碩的「野貓」沒有任何接觸。

雖然各種意見不一，但似乎不太可能有任何其他種的野生貓類與現代家貓的歷史有關係。我們知道有另一種較大的貓*Felis chaus*（即「叢林貓」），也很受古埃及人喜愛，但這種貓似乎很早就退出競爭了。不過我們可以確定，在馴養競賽中，牠們原本是很有希望的競爭者，因為在貓木乃伊的調查中發現，有些木乃伊屬於較大型的「叢林貓」骨骸。雖然在人工眷養環境下，叢林貓屬於較友善的一種，但是跟現代馴養動物中最壯碩者相較之下，牠們仍屬巨大，因此不太可能在後續的馴養歷史中占有地位。

本書並不提供現代貓品種的詳細資料，不過簡短說明他們引進歐洲的歷史，將有助於稍微瞭解現代的貓「迷戀」是如何成形：

最古老的品種是各種短毛貓，牠們是羅馬人散播到整個歐洲的貓的後裔。接著是一段歷時很久的斷層，到了十六世紀，來自東方的船隻抵達英屬曼島（Isle of Man）帶來一種奇異的無尾貓，也就是有名的曼島貓（Manx）。由於這種貓的外表古怪殘缺，因此從未受到廣大歡迎，但仍不乏愛好者。大約在同時，第一種長毛貓，即美麗的安哥拉貓（Angora），從其土耳其家鄉被帶到歐洲。後來在十九世紀中葉，來自小亞細亞、披著極其濃密貓毛的波斯貓（Persian Cat）更加驚人，大大掩蓋了安哥拉貓的光芒。

到了十九世紀末，來自遠東地區，身形徹底相反，既纖細又稜角分明的暹羅貓登場。由於牠具有獨特的個性，遠比其他貓更加外向，因此吸引了完全不同類型的貓主人。儘管圓滾滾、毛茸茸的波斯貓擁

有相當稚嫩、平板的臉孔，是完美的小孩替代品，但是暹羅貓卻是更主動活躍的伴侶。

約與暹羅貓出現的同時，有人從俄羅斯進口優雅的俄羅斯藍貓（Russian Blue），還有人從現今的衣索比亞進口了外貌狂野的阿比西尼亞貓（Abyssinian）。

而在上個世紀，黝黑的緬甸貓（Burmese）於一九三〇年代被帶到美國，並從美國來到歐洲。一九六〇年代，貓彷彿突變似的增加了好幾個不尋常的品種：來自加拿大的詭異無毛貓斯芬克斯貓（Sphynx）、來自英國得文郡與康瓦耳郡的捲毛貓（Rex），以及來自蘇格蘭，耳朵平平的折耳貓（Fold Cat）。一九七〇年代，日本短尾貓（Japanese Bobtail Cat）進口到美國，牠古怪的小小殘尾看起來就像半曼島貓。同時期，美國出現由變種培育出來，毛很粗糙的硬毛貓（Wire-haired Cat）。另外，身材嬌小的水溝貓（Drain-Cat）也出現在美國，牠有個滑稽的名字叫做新加坡貓（Singapura）；之所以叫水溝貓是因為在鄙視貓的新加坡，水溝是理想的藏身之處。

最後，還有相當奇特的布偶貓（Ragdoll Cat）擁有所有貓類中最奇妙的性情。將牠抓起時，牠會軟趴趴地懸在空中，就像布偶一樣。牠的個性很寧靜，讓人以為牠隨時都處於服藥狀態；似乎沒有什麼事可以干擾牠。比起「時髦貓」（hip-cat），牠更像是「嘻皮貓」（hippie-cat）；如此說來，牠首次繁殖的地點在美國加州似乎再適合不過了。

以上絕不是一個完整的清單，不過可讓熱衷血統的人對貓的類別有一定程度的瞭解。除了我所提及的許多品種之外，還有各種類型的變種和貓色類型，這些都大大增加了貓展類別的明細。每當新類型的貓出現時，總會激起漫天塵土；不是因為貓打架，而是因為過度熱衷新型貓的飼主與掌控主要貓展且太過專制的主辦單位之間爆發的粗鄙衝突。在他們爭辯排行榜中占第一名的最新品種，正是前述的布偶貓：擁護者說，布偶貓最適合傷病殘疾的人；貶低布偶貓的人則認為

牠太容易受傷。

　　讓情況更複雜的是，不同的貓展主辦單位也相當不一致。例如英國的「貓迷管理委員會」（Governing Council of the Cat Fancy）認可的品種就與美國的「貓迷協會」（Cat Fanciers' Association）不同，而且這兩個組織有時會為同一個品種取不同名稱，徒增困惑。然而，這其實無傷大雅，只不過為許多激烈爭辯與辯論增添刺激罷了；純種貓倒是從大家的關注中獲益不少。

　　人們嚴肅看待比賽型貓展，也有助於提升貓的地位，因此就長期來看，對一般寵物貓也有好處。而且一般寵物貓仍占所有現代家貓絕大多數，因為對大部分人而言，正如葛楚・史坦可能會說的，貓就是貓，還是貓[1]。各種貓之間的外表差異儘管迷人，但仍屬膚淺。每一隻貓都從古代祖先遺傳了驚人的感官能力、優異的聲音表達與身體語言、技巧高超的狩獵動作、精巧的領域與地位展示、奇怪又複雜的性行為，以及全心全意的親代撫育。正如我們將在後續內容所見，貓，是充滿驚奇的動物。

---

[1] 葛楚・史坦（Gertrude Stein, 1874-1964）為美國現代主義作家。在她一九三一年詩作〈Sacred Emily〉中有一句名句：Rose is a rose is a rose is a rose。

1

貓為什麼呼嚕呼嚕叫？

　　這個問題的答案似乎不言自明：貓呼嚕呼嚕叫，是因為牠很滿足。答案應該是正確的吧？實則不然。在重複觀察中發現，貓在劇痛、受傷、分娩，甚至是臨終時，經常會大聲且長時間呼嚕叫；貓在這些狀況下一點也稱不上滿足。當然，貓滿足時也會呼嚕呼嚕叫，這千真萬確，但是滿足並不是貓呼嚕叫的唯一條件。有一個更精確的解釋符合所有狀況：呼嚕叫表示友善的社交情緒，而且帶有某種訊號。例如，受傷的貓對獸醫發出呼嚕聲，表示「需要」友誼的訊號；或者是向主人表達：有你這個朋友真好。

　　幼貓第一次發出呼嚕聲是在僅一週大時，主要是在接受母親哺乳時發出。之後，呼嚕聲是向母親表示一切都很好的訊號，以及乳汁供應順利送達目的地。母貓可以躺著聽充滿感激的呼嚕聲，不需抬頭看就知道一切安然無事。她接著也會向幼貓呼嚕呼嚕叫，告訴牠們她的心情也很輕鬆，而且樂意配合。而成貓之間（及成貓與人類之間）的呼嚕聲，其用途幾乎可以確定是續發性的，發展自最初的親子關係。

　　小型貓科動物（例如家貓品種）及大型貓科動物（例如獅子和老虎）之間有一個很重要的區別：後者無法正確發出呼嚕聲。老虎可以用友善的「單向呼嚕聲」向你打招呼，一種振動的噗噗聲。但是牠無法跟家貓一樣發出雙向呼嚕聲；雙向呼嚕聲不只是在每次呼氣時發出呼呼噪音（老虎就是這樣），連每次吸氣也會發出聲音。即使嘴巴緊閉（或含著乳頭），貓仍然可以發出呼氣／吸氣節奏的呼嚕聲，而且

可以持續數小時。就這一點來說，小型貓比牠們的大型親戚略勝一籌，不過大貓有另一項特色足以彌補缺憾：牠們會吼叫，這是小貓永遠做不來的。

為什麼貓的英語是 Cat？

　　我們將動物名稱視為理所當然，如果溯其根源，經常能讓我們瞭解一些有關動物起源的事。那麼，貓為什麼要叫cat呢？

　　幾乎所有歐洲國家都使用cat這個字，其中的差異不大：法語是chat、德語是Katze、義大利語是gatto、西班牙語是gato、瑞典語是katt、挪威語是katt、荷蘭語是Kat、冰島語是kottur、波蘭語是kot。環地中海的國家也使用這個名稱：意第緒語是kats、希臘語是gata，馬爾他語則是qattus。這個字顯然是由單一來源散布到世界上的古字。其來源應該是阿拉伯語，因為最早使用這個字的是在北非，即quttah。而且巴巴里族（Berber）也使用類似的字。

　　這個情況與所有家貓皆為北非野貓*Felix lybica*後裔，並經古埃及人馴養的看法一致。埃及人也解釋了我們為什麼稱貓為咪咪（puss）或小貓咪（pussy），這兩個字是早期埃及貓女神名稱Pasht的變體。使貓和這個地區的關係變得更緊密的是虎斑貓（tabby）的字源，它源自土耳其語utabi。而在土耳其語中，貓的通用字是kedi，可能是我們稱呼寵物貓為小貓（kitty）的起源。

貓如何發出呼嚕呼嚕聲？

　　如果大多數人知道，專家們對於貓如何發出呼嚕聲之類的基本問題依然爭論不休，一定會大吃一驚。更意外的是，目前的兩個解釋完全南轅北轍。並不是爭辯某種小細節，而是在爭論呼嚕聲的基本機制。以下是這兩個正在較勁的理論：

　　「偽聲帶」（false vocal cord）理論認為，呼嚕聲發自貓的喉頭。除了原本的聲帶以外，貓還擁有第二對結構，稱為前庭皺（vestibular fold）或「偽聲帶」。第二對聲帶的存在，被認為是奇異呼嚕聲機制背後的秘密，讓貓毫不費力且不用張開嘴巴，就可持續發出低沉的咕嚕聲長達數分鐘，甚至數小時。

　　這個理論認為，貓的呼嚕聲與人類有時在睡眠時會發出的沉重呼吸差不多，換言之就是打呼。在每次吸氣和呼氣時，空氣會通過偽聲帶，並發出「呼嚕嚕嚕」的聲響。喉部肌肉必須每秒收縮三十次，以干擾通過的空氣，才能發出這個獨特的聲音。

　　「血液亂流」（turbulent blood）理論則認為，貓的喉頭與呼嚕聲一點關係也沒有。這個理論主張，貓的血液通過主靜脈進入心臟時，如果血流增加，就會產生亂流。將全身血液攜回心臟的主靜脈，在通過貓的胸部時會受到壓縮，此處產生的血液亂流最大。血液出現渦流時，便會產生呼嚕聲響，而橫隔膜則扮演振動放大器的角色。如此產生的聲響會通過貓的氣管，進入頭骨的鼻竇腔並產生共鳴，因而發出呼嚕聲響。部分專家相信，呼嚕呼嚕叫的貓會拱起背部，正是增加血

液亂流以產生呼嚕聲響的主因；其他的專家則認為，血液亂流增加與影響血流的情緒變化更有關係。

對於非專家而言，哪一個理論提供的解釋正確似乎毫無疑義。偽聲帶理論是最明顯也最簡單的解釋，它解釋了第二對聲帶（偽聲帶）謎樣的存在。我們知道，真正的聲帶會讓貓發出一般聲音，例如喵喵叫、嚎叫和尖叫。如果偽聲帶不是發出呼嚕聲的原因，其存在就得另覓解釋了。

血液亂流理論的價值在於獨創性，但也僅止於此。如果你用聽診器聽過貓的呼嚕聲一定會同意，以這種方式強力放大的呼嚕聲根本沒有血液亂流共鳴的音色；光是振動，遠不足以說明。而且，姿勢改變或情緒變化會引起呼嚕聲的看法也顯得牽強附會。正在呼嚕呼嚕叫的貓是放鬆的，而且常識告訴我們，放鬆時的血液亂流應該減弱，而不是增加。

最後，有一個簡單的證明可以支持偽聲帶理論：只要將手指輕輕放在呼嚕叫的貓的喉嚨上，呼嚕聲無庸置疑是發自喉頭。因此，實在難以想像還有其他理論可供說明。但確實有其他理論提出來了，不論表面上看起來多麼不可能，我們都應該保持警覺。因為在生物學中，最明顯的解釋不見得都是對的，而且許多「明顯的」證據都會被謹慎的最新研究證明錯誤。對於貓的呼嚕聲的看法，我們必須保持開明的心態。

貓的聽覺有多靈敏？

　　貓的聽覺遠比主人的聽覺要靈敏許多，這正是貓討厭吵雜住家的原因。震天價響的音樂、尖叫和吼叫，對典型貓類的敏銳聽覺器官是一大折磨。

　　貓經過特化的狩獵行為，正是造就其優異聽覺的原因。雖然狗的聽覺範圍比人類廣，但貓對高頻率聲音的聽力比狗更好。這是因為人類和狗仰賴追捕獵物或設陷阱捕捉，而貓則選擇潛伏在暗處，仔細聆聽最細微的聲音。如果貓要像隱形獵人成功狩獵，就必須能夠偵測最微小的窸窣聲和吱吱聲，也必須能夠辨認出正確的方向和距離，準確定出目標受害者的位置。這些能力所要求的靈敏度，遠比我們具備的高許多。而且實驗室的試驗也確認，家貓確實擁有非常優異的調整能力。

　　對於較低頻的聲音，人、狗和貓之間沒什麼差別；如果你是小型齧齒目動物和鳥類的獵人，這樣的聲音沒什麼意義。至於較高頻的聲音，壯年時期的人類可以聽到高約兩萬週／秒[2]的聲音；到了退休年齡時，能聽到的音頻會減弱到約一萬兩千週／秒。狗可以聽到三萬五千至四萬週／秒的聲音，因此可以察覺我們察覺不到的聲音。另一方面，令人驚訝的是，貓可以聽到的聲音頻率竟高達十萬週／秒；這

---

[2] 週／秒（cycle/second），聲音頻率單位，為早期使用的音頻單位。目前常用的音頻單位為赫茲（Hz），一赫茲等於一週／秒。

正好與鼠類聲音的高音相符，鼠類可以發出的最高聲音與此相同。因此，沒有老鼠能逃得過捕食性貓類機警的耳朵。

對於貓以完整的靈敏度可以聽到多高的聲音，意見不一。有些專家相信，家貓能夠做出靈敏反應的頻率最高為四萬五千週／秒。他們認為，超過此頻率的高音所引起的反應就弱了許多。不過，大部分專家都同意，一般情況應該接近六萬至六萬五千週／秒，這樣的頻率也足夠聽到大多數獵物的聲音了。

這項聽覺能力說明了，為什麼有時寵物貓好像擁有超自然能力。在我們察覺到不尋常的事情發生之前，貓就已聽到且理解超音波聲響，並發出喧鬧和適當回應。另外，也不要小看正在打盹的貓。即使在打瞌睡時，貓的耳朵依然正常運作；如果貓偵測到令牠激動的事物，會在瞬間轉醒並做出反應。也許，這正是貓的睡覺時間比我們長兩倍的原因：以睡眠的長度來彌補深度。

很不幸的，老貓並不會永遠保持驚人的靈敏度。到了約莫五歲時，貓就開始喪失其聽力範圍，而且，貓的年紀漸長，往往也幾近聾了。這說明為什麼有時老貓會成為疾駛車輛的受害者；並不是因為老貓的行動太緩慢，閃不過撞擊，而是根本沒聽到車子高速駛來。

年輕的貓不僅對高頻吱吱聲的聽力很好，偵測準確位置的能力也絕佳。牠們可以辨識出六十英尺遠，相距僅十八英寸的兩個聲音；可以輕易區分來自相同方向的兩個聲音；而且可以區別出只有半音差異的兩個聲音。某些試驗顯示，上述最後這項能力可以區別十分之一音的差異。人類作曲家一定很嫉妒貓的耳朵。但是，當一般貓飼主知道有一整個範圍的聲音無法與心愛寵物分享時，一定無法接受。這正是我們與動物同伴一起生活時學到的教訓：謙遜。換言之，即使我們已經是掌控地球的物種，在許多方面仍然不如貓。

貓可以發出多少種聲音？

　　有位盲人音樂家宣稱，他可以察覺貓發出的一百種不同聲音。美國研究人員在研究過數小時的錄音帶錄音後也堅稱，貓的聲音技能非常多，是人類以外的所有動物中最複雜的。既然野貓並不是特別善於社交的動物，那為什麼會這樣呢？自然界中需要最複雜溝通系統的，都是高度組織化的團體生活物種。因此對貓而言，這似乎非常奇怪。

　　關於此情形的解釋是，家貓同時使用兩種詞彙。在野生環境中，貓有一組聲音用於親子關係，成年生活則會以另一組聲音取代。在人類家中的馴養貓會將嬰幼時期的發聲保留到成年，並且在過程中改進。此外，牠還能發出成貓世界中有關性與暴力中所有常見的噪叫與嘶吼。以上全部加在一起，就形成相當驚人的詞彙。

　　另一方面，貓的聲音系統也比其他物種的聲音系統更複雜，在貓的聲音系統中，單一種呼叫可運用的變化程度較大。對鳥類而言，警示呼叫可能就是一種鳴叫，一律是同一種。鳥類越來越激動時，只是以更密集的頻率重複一種鳴叫，而且愈來愈快。但是當貓不安時，可以發出各式各樣不同的喵叫，其間的差異甚至足以歸類為不同的發聲。

　　接受貓可以發出上百種不同聲音的看法會有一個危險：整個主題會變得太複雜而沒什麼意義。避免的方法並不是列出所有聲音，而是列出貓試圖與其伴侶溝通的訊號或訊息。列出訊息之後，貓的語言就會愈來愈清楚了。以下是部分主要訊息及表達該訊息的聲音：

1.「我生氣了」

貓打架時會發出可怕的喧鬧聲。從英國詩人喬叟的時代起，這樣的聲音被稱為caterwauling，但是在文獻中，這個字並不是指攻擊性的聲音，而是與性有關的聲音。就連深具威望的《牛津英語字典》也犯了錯誤，將caterwaul定義為「貓發情時發出的聲音」。事實上，這個聲音是兩隻貓打架時發出的聲音，無論如何都與性接觸毫無關聯。就算是兩隻結紮過的母貓，在爭執地盤邊界時也會發出 caterwaul，其激烈程度可比得上「發情的公貓」③。

caterwauling之所以與發情有關，是因為當時最常見到發情期母貓的氣味會將距離很遠且範圍很廣的公貓吸引在一起，這麼多公貓聚在一起會感覺不自在，因此牠們很想發洩敵意。

處於攻擊狀態的貓發出的嚎叫（caterwaul），是單一訊號具有多種不同形式的最佳例子。每一種形式（或強度）都可以賦予不同名稱，但都屬於同一個基本訊息：「閃開，不然我會攻擊你。」由於發聲時會拉長，也由於每個瞬間的敵對情緒會升高與降低，聲音也會隨之增強與減弱。一旦出現時，並不只是聲音變大或變柔，而是整個音質改變。因此，當我們說貓「咆哮」、「低吼」、「咯咯叫」、「長呼」及「哀叫」時，只不過是用不同字眼來描述爭鬥類型的聲音罷了。這些都是同一個基本聲音單元的不同強度變化，應視為同一個意思。

2「我很害怕」

貓害怕時，通常的反應是靜靜逃走或躲藏起來。在這時刻沒有理由發出許多聲響。但如果貓被逼到窮途末路又無法逃走時，雖然強烈

---

③ caterwaul應譯為貓攻擊時發出的嚎叫或尖叫，但如文中所述，許多英漢字典也譯為貓叫春的聲音。

地想要逃，仍會發出表達以下訊息的聲音：「我怕你了，但別逼人太甚，否則我會不顧恐懼突然攻擊你。」在這情況下的貓可能會發出怪異又低沉的「嚎叫」。這表示，雖然牠非常害怕，但並未完全喪失攻擊性；再逼緊一點，牠會猛然攻擊。較常見的情況是，牠會發出「嘶吼」和「嘶鳴」，痛苦來源是大狗或有攻擊性的人類時更是如此。在客觀的觀察中發現，這些是針對攻擊者發出的奇怪聲音。聲音並不是很大聲，而且就音量而言也並不特別突出。然而這種聲音似乎真的有作用，即使是最大型的狗也會突然產生敬畏。這些聲音有個特殊理由。許多哺乳動物天生懼怕毒蛇，被逼到絕境的蛇發出的防衛聲音當然就是嘶吼和嘶鳴。因此幾乎可以肯定，貓就是模擬蛇的聲音，希望在攻擊者心中引發被毒蛇螫咬的深層恐懼。

3「我很痛苦」

　　極度痛苦的貓發出的尖叫是不會弄錯的，而且類似其他許多動物受重傷或遭威嚇時發出的尖叫。依照強度不同，聲音有時會描寫成「尖聲大叫」或「厲聲尖叫」，而且是痛苦幼貓「尖聲悲鳴」的成年版本。對幼貓而言，這是呼叫母親前來營救攸關生死的訊號。對成貓而言，這個聲音不再能引來救援，因為成貓之間幾乎不會相互營救。但如果是寵物貓，這當然是對貓的擬父母（即人類飼主）很有用的訊號，飼主聽到尖叫後，會像代理母親般前來救援。

　　發出痛苦訊號的各種狀況中有一個很特殊，那就是當交配行為結束，公貓從母貓身上抽回牠帶刺的陰莖時，會造成母貓撕裂傷和激烈劇痛而大叫。雖然母貓當下的主要感覺是疼痛，但疼痛也引起她對公貓的憤怒，因此會用力揮打公貓。劇烈疼痛加上突發的敵意，使母貓發出比一般疼痛哭喊更尖銳的聲音；比起尖叫，更接近厲聲尖叫。這叫聲，公貓可聽得一清二楚，而且會迅速試圖躲開迎面而來的尖銳貓爪。

4「我需要關心」

　　對貓飼主而言，這是貓朋友發出的最熟悉聲音。「喵喵叫」在許多狀況下有許多種意思，但都具有相同的基本訊息，那就是「我需要你立即關心」。這個聲音源自於小幼貓的「咪咪叫」，讓母親知道牠們需要協助或者有麻煩了。在野貓成年時，這個聲音多多少少會消失，但是家貓即使完全長大，心理上仍然像小貓，會繼續與人類飼主「說話」，就像小貓與母親溝通一樣。還不止於此。家貓會以野貓從來不會採取的方式，改進牠們的喵喵叫聲。牠們採用嬰兒時期的咪咪叫，並根據各種狀況加以修改，以期表達對事物的需求。不同的喵叫包括乞求式的喵叫、要求式的喵叫、抱怨式的喵叫，以及焦慮式的喵叫。還有，想出去時，貓會發出輕柔、單調的喵叫；下雨時，牠又想進來，會發出可憐、拖長的喵叫。聽到開罐器聲響時，貓會發出充滿期待的喵叫；如果某個固定例行事務遭到忽視，則會發出惱怒的喵叫。機警的飼主會能察覺這些不同版本的「我需要關心」訊號，再過幾年後，在處理「人貓關係」上將會相當順暢。

　　專家們曾很有勇氣地做過一項嘗試，他們寫下各種不同的喵叫聲，以便加以分類及訂出標準。結果，當我們被要求區分MHRHRNAAAAHOU、MHRHRHRNNAAAAHOOOUUU及MHHNGAAHOU等不同喵叫時，往往非常可笑；人類的字母系統完全無法應付。而且，除非你早就知道所指的聲音（如果早就知道，寫下它們就毫無意義了），否則完全不可能從這些奇怪的字母串學會喵叫聲。再者，寵物貓隨著年紀漸長而改良不同喵叫，完全是你和貓之間的私事，因此，不同貓之間的差異相當可觀，也就不足為奇。所有喵叫從一開始都是基本的貓類叫聲，如同其溝通系統的其他元素一樣，都是基因遺傳而來。但是成貓與人類飼主關係的人為性質，則創造出一個特別的世界，新出現的細微之處發展出遠超過基因共享的詞彙。

貓的個人主義開始確立其正當性，任何擁有雜種虎斑貓、暹羅貓、波斯貓或阿比西尼亞貓的主人都會知道，不僅個別的貓有自己的特殊聲音特色，不同的品種也是。如此一來，我們需要貓界的「希金斯教授」④才能解開所有錯綜複雜的現代家貓語言了。

5「跟我來」

母貓希望她的小貓過來身邊或跟她走時，會發出輕柔簡短的「嘖嘖」聲。她離開小貓一陣子時，也會用這個聲音問候小貓。成年家貓也會使用相同的訊號（有人精確描述為「上升的顫音」）問候其飼主。在這時刻，貓反轉了正常的關係，將人類視為自己的小孩，而不是母親（從花園叼死鳥給主人時也會發出這個聲音；這通常是例行的覓食訓練，用意是教育小貓日後要攻擊的獵物）。重要的是，問候性的顫音一般是在移動時發出，通常是從外面回來並準備前往預期有食物之地的時候。因此，雖然聽起來像是問候，但可能還是蘊含了「過來，跟著我」的意思。

6「我不會傷害你」

這就是貓類有名的「呼嚕」聲。某些主人實在難以接受這聲音並不是意味著「我很滿足」，而是「我不會傷害你」，但事實上，只有這個意思可以解釋貓呼嚕叫的所有狀況。基本上這個訊號表達出貓正處於沒有敵意的情緒，是友善、順從、令人安心，當然還有滿足。在下列貓對貓的狀況中，都曾觀察到這個叫聲：

a. 幼貓吸吮母貓乳頭時，讓母貓知道一切安好。

---

④ 希金斯教授（Professor Higgins），《窈窕淑女》（My Fair Lady）中的男主角，費盡心力矯正來自低層社會的女主角的口音。

b. 母貓與幼貓躺在一起，向幼貓保證諸事無恙。

c. 母貓接近幼貓躲藏的窩時，讓幼貓知道她來了，沒什麼好怕。

d. 年輕的貓接近成貓要玩耍時，讓成貓知道自己心情輕鬆，並接受較低的社會地位。

e. 地位較高的成貓友善地靠近年輕貓時，讓年輕貓知道自己毫無敵意。

f. 地位較高的敵人接近地位較低的貓時，後者會發出順從、無敵意的訊號，試圖安撫力量更大的貓。

g. 地位較高的貓靠近病貓時，病貓讓對方知道知道自己很虛弱，沒有敵意。

再一次，有人嘗試將呼嚕聲分類為不同類型，但它們全都帶著相同的基本訊息：友善。在人類的表達方式中，與呼嚕聲最接近的是微笑，而且當我們說微笑代表快樂時，也犯了同樣的錯。正如呼嚕聲一樣，我們快樂時會微笑，但是當有人要我們放心、向我們表示順從、沒有敵意和安撫時，他們也會微笑。微笑的訊息與呼嚕聲類似：「我

絕不會傷害你」。由此可見,對於「軟化」社會關係及雙方靠近時卸除壓力,呼嚕聲至關重要。

7「我超想咬你一口」

貓在四處覓食並發現獵物時,會發出奇怪的、小小聲的「喀喀」聲。貓看到鳥飛過窗外時,會發出這個聲音的變體,一種咬牙聲。就貓經過演化後特化形成的必殺咬技來說,咬向獵物的頸部,跟上下牙齒碰撞在一起的動作一樣,但是這個動作已成為許多觀察者多所評論的聲音訊號。有些作者推測,發出喀喀聲是為了通知其他貓有獵物出現。甚至有位作者錯將它描述為「警告貓群中的其他貓」,彷彿貓跟狼一樣都是群體狩獵的動物。但貓是單獨出擊的獵人,在偷偷追蹤特定獵物時,肯定不希望其他貓加入,這個事實使得喀喀聲成了不解之謎。唯一可能的解釋是,當母貓與快成年的小貓一起出去時,會發出這個聲音讓小貓專心注意可能的獵物,做為一般狩獵的訓練。

以上是家貓會發出的聲音訊息中最重要的七種。這些聲音的許多變體和細項,讓機警的貓在忙自己的事時,能夠發出意義驚人豐富的聲響。對貓的飼主而言,這些聲音提供了目眩神迷的豐富研究領域,以及瞭解貓類伴侶世界的途徑。只有在少數情況下,譬如你心愛的貓后發出可憐呼叫(具體說,就是「我需要關心」的聲音),吸引了一大群凶殘競爭、嚎叫不休的公貓,像合唱團般聚集在你臥室窗外,這些聲音才會讓人心煩意亂。不過這種情況下次再發生時,別再扔水桶了,打開錄音機錄下,然後隔天找個空閒,好好坐著並欣賞這齣貓歌劇吧。如果你的睡眠狀態不是岌岌可危,你會發現一系列既驚人又複雜的嗚咽、咆哮和嚎叫,就是一長段動物溝通的實例,相當引人入勝。

Catgut是什麼？

　　先別管字面上是什麼，這個字絕不是貓的腸子（gut），而是源自羊的腸子。羊的腸子經過清洗、浸泡、刮擦後，浸漬在鹼性溶液中一段時間，接著將之拉長、漂白、染色，並捻搓成線。這種線的強度和彈性都很大，數世紀以來都用來製作弦樂器。

　　既然如此，為什麼會用catgut來指稱羊腸，這不合情理吧？我們從這個字的最早用法可以看出端倪。有位十七世紀初的作者寫到，小提琴手「撥彈著喵喵叫的貓的乾燥腸子」。後來又有人這麼寫：有人心煩意亂，「每次撥彈cat-gut；好似聽到為和諧而獻祭的無助動物的長聲呼叫」。這些參考文獻出現的年代，正是家貓經常遭到迫害與折磨的年代，人們的耳朵很熟悉貓的尖聲長叫。此外，還有野生公貓為了心儀母貓而爭吵所發出的嚎叫。這些有特色的貓類叫聲，全都成為蹩腳音樂家摩擦其弦樂器的比喻。在苦惱不已的聽眾想像中，不適當的sheepgut轉變成較適切的catgut，也就是用生動鮮明的想像取代了枯燥乏味的事實。

貓的鬍子有何用途？

　　一般的解答是，鬍子是觸鬚，讓貓知道眼前的窄縫是否夠牠擠過去。不過，事實卻更加複雜也更了不起。觸鬚除了對接觸很敏感之外，鬍子也具有氣流探測器的功能。貓在黑暗中移動時，必須能夠靈巧地通過堅硬物體而不碰上。貓接近堅硬物體時，每個物體會形成小小的空氣渦流，也就是空氣流動時的細微擾動，而貓的鬍子靈敏度驚人，可以偵測到這些空氣變動，甚至連碰都不必碰，就能對堅硬障礙物做出反應。

　　貓在夜晚狩獵時，鬍子特別重要；確切來說是攸關生死。我們知道這一點是透過以下觀察得來：擁有完美鬍子的貓，不論環境明暗，都可以乾淨俐落地獵殺。而鬍子受損的貓，只能在光亮環境中順利獵殺；處在黑暗環境時，牠會對自己的必殺咬技判斷錯誤，將牙齒咬向獵物軀體的錯誤部位。這表示，在無法運用清晰視力的黑暗中，鬍子能扮演高靈敏導向系統。鬍子具有瞬間偵測獵物軀體輪廓的驚人能力，並指揮貓咬向不幸動物的頸背。鬍子尖端一定藉著某種方式讀出獵物形體的細節（就像盲人閱讀點字），並在剎那間讓貓知道應該如何反應。從貓捕到老鼠並用嘴叼著老鼠的照片來看，貓的鬍子幾乎是纏繞著齧齒目動物軀體四周，如果獵物仍活著，則繼續傳遞最細微動靜的資訊。由於貓天生是夜行獵人，因此鬍子對貓的生存無疑至關重要。

　　就解剖學上來看，鬍子是放很大且更僵硬的毛髮，比一般毛髮粗

兩倍。它們嵌入貓上唇的組織，深度是其他毛髮的三倍，而且具備大量的神經末梢，用來傳遞接觸到或空氣壓力變動的訊息。平均來說，貓擁有二十四根鬍子，鼻子兩端各有十二根，排列成四個水平列。鬍子可以向前及向後移動；貓在好奇、威嚇或測試某事物時，鬍子會向前移動；貓在防禦或謹慎行事以避免碰觸東西時，則會向後移動。上方兩列與下方兩列鬍子可以獨立移動，最強壯的鬍子位於第二列及第三列。

　　嚴格來說，鬍子應稱為觸鬚，而且這種能力強化的毛髮，有一些也出現在貓身上的其他部位：兩頰、眼睛上方、下巴都有一些，令人驚訝的是，連前腳腳背上也有。所有觸鬚都是靈敏的運動偵測器，不過，極端長的鬍子是最重要的觸鬚。當我們說某事是「貓鬍子」（the cat's whiskers'）時，意味著那件事物相當特別；這個說法也十足貼切。

貓如何做到用腳落地？

　　儘管貓是身手靈活的攀爬者，偶爾還是會失足掉落。牠們跌落時，會立即啟動特殊的「翻正反射」（righting reflex）。如果沒有這樣的反射動作，貓很容易摔斷背。

　　貓開始跌落時，身體是上下顛倒的，頭那一端會啟動自動的扭轉反應。頭先轉動，轉正之後，前腳會移近臉部，準備保護臉部免於撞擊（貓下巴遭受由下而上的痛擊會相當嚴重）。接著會扭動脊椎上半部，將前半身轉向與頭的方向一致。最後，後腳彎曲起來，現在四肢已準備好落地，此時，貓會轉動後半身以趕上前半身的方向。最終要接觸地面時，貓會將四肢朝向地面方向伸直，拱起背，用來減緩衝擊力。

　　貓如此扭轉身體時，僵直的尾巴會像螺旋槳一樣旋轉，扮演平衡裝置的角色。以上這些動作都發生在電光火石之間，必須用慢動作影片才能分析各個階段的快速翻正反應。

為什麼貓眼在暗處會發亮？

因為在貓眼後方具有影像增強裝置。一個稱為「脈絡膜毯」（tapetum lucidum，意指「明亮的毯狀物」）的光線反射層，其作用很像是視網膜後方的鏡子，會將光線反射回視網膜細胞。有了這個裝置，貓可以充分利用進入眼睛的每一丁點光線。我們人類眼睛吸收的光線遠不及進入貓眼的光線。由於這項差異，貓可以在半暗的環境下辨別運動和物體，這對我們來說根本是看不到的。

除了很強的夜視力之外，貓並不像某些人所信，可在完全在黑暗中看見東西。在黑漆漆的夜晚，貓必須藉著聲音、味道及靈敏度驚人的鬍子來導航。

為什麼貓眼會縮小成一直線？

　　瞳孔縮成一直線，而不是縮成小圓形，可讓貓更容易準確控制進入眼睛的光量。對於眼睛靈敏到可在非常暗的光線中看到東西的動物來說，避免明亮日光而導致目眩是很重要的。瞳孔縮成一直線可讓貓更容易也更精確地減少光線進入。為什麼貓眼是縮成垂直線而不是水平線的原因在於，前者可以藉由闔上眼瞼更進一步減少光線進入。藉著瞳孔垂直線與眼瞼水平線兩個成直角的細縫，貓眼具備了所有動物中最精細的調節能力。

　　在觀察獅子（號稱日間殺手）中發現，其眼睛與我們一樣是縮小成圓形小孔。這一點也確認了，貓眼的夜間靈敏度與其瞳孔縮成一直線息息相關。

11

貓的眼睛會發出什麼訊號？

　　你下次餵貓時，仔細看一下貓的眼睛。如果牠餓了，瞳孔在餐碟出現時會放大。一直線的瞳孔會因為貓的期望而放大成黑黑的大圓眸子。周密的試驗顯示，當瞳孔放大時，瞳孔區域會在不到一秒內放大成原本的四至五倍大。

　　這個戲劇性改變歸屬於貓的情緒訊號系統，不過，眼睛只有這一個改變其表達的方式。最基本的眼睛變化與光線強度的變化有關。照到眼睛上的光線愈多，縮小成垂直線的瞳孔部分就愈多；光線愈少，就有愈多部分打開成圓圓的黑色眸子。隨著貓在亮處與陰影處來回移動，眼睛外觀一整天都在變化。這樣的變化太常見，以致於瞳孔的其他變化反而較不明顯。

　　視線景象的遠近也會影響貓的瞳孔：物體愈靠近，瞳孔愈縮小；物體愈遠，瞳孔愈放大。這類改變也會干擾我們從貓眼讀出情緒訊號。

　　貓的情緒變化有兩種截然不同的類型，這讓事情更複雜；貓的瞳孔不只在看到有東西出現時會放很大，在看到有嚴重威脅意味的東西時也會。釐清這個情況的唯一方法是，當你在光線或物體遠近毫無變化時，看到貓瞳孔突然放大，就表示牠正經歷強烈的情感喚醒（emotional arousal）狀態；喚醒情感的可能是喜悅，譬如出現美味食物，也可能是不悅，譬如咄咄逼人的大型敵人出現。不論是哪一種狀態，瞳孔都會比正常放更大，試著從興奮的刺激中吸收更多資訊。

　　由於受驚嚇、具防禦心態的貓的瞳孔會極度放大，因此地位較高、有侵略性且毫不懼怕的敵人會發出相反的訊息。對於這樣的貓，只有一種可能的眼神：瞳孔完全縮小成狹窄一直線。但請注意！這並不表示瞳孔一直線的貓很危險；受驚嚇而瞳孔放大的貓同樣可能會在驚慌中猛力反擊。事實上，當家裡順從的貓已經「受夠了」而要自我防衛時，牠的瞳孔會急速放大，隨即出手攻擊你。因此，重要的是，閱讀「瞳孔放大」訊號時務必格外謹慎，要先考量當下的狀況，然後加以解讀。

　　除了瞳孔變化之外，眼瞼打開或閉合的程度也可能透露情緒訊號。處於警戒狀態的貓，雙眼會完全打開。而且，當有不完全信任的陌生人出現時，貓的雙眼會一直維持完全打開的狀態。如果貓的雙眼變成半閉，就表示完全放鬆，表達完全信任其飼主友情的訊號。

　　完全閉合的雙眼只出現在下列兩種情況：睡覺和滿足。當兩隻貓在打架，其中一隻被迫屈服時，通常會做出所謂「中斷」的動作，也就是別過頭去，不看施暴者，並閉上雙眼，試圖抹去地位較高的敵人的嚇人影像。這基本上是一個保護動作，讓雙眼遠離可能的危險，但也演變成減緩當下難以忍受的緊張的一種方法。此外，勝利者則將這個動作視為對手投降的訊號。

　　最後稍微談一下凝視。對貓而言，眼睛大大睜著長時間凝視有特殊涵意；那是代表挑釁。換言之，人類盯著貓看時，就是在威嚇。但是我們卻經常這麼做，因為我們非常喜歡凝視美麗的貓伴侶。我們凝視貓時沒有惡意，完全不想傷害牠，但有時貓很難體會這樣的舉動。解決方法是在貓沒有盯著你看時，盡情凝望著牠。如果我們一直將目光鎖定在貓身上，就不可避免傳達出威嚇的意味；這絕不是我們想要的。不過，只要一點小小的調整，就可以大大改善人貓的關係，讓貓在我們出現時感到更加自在。

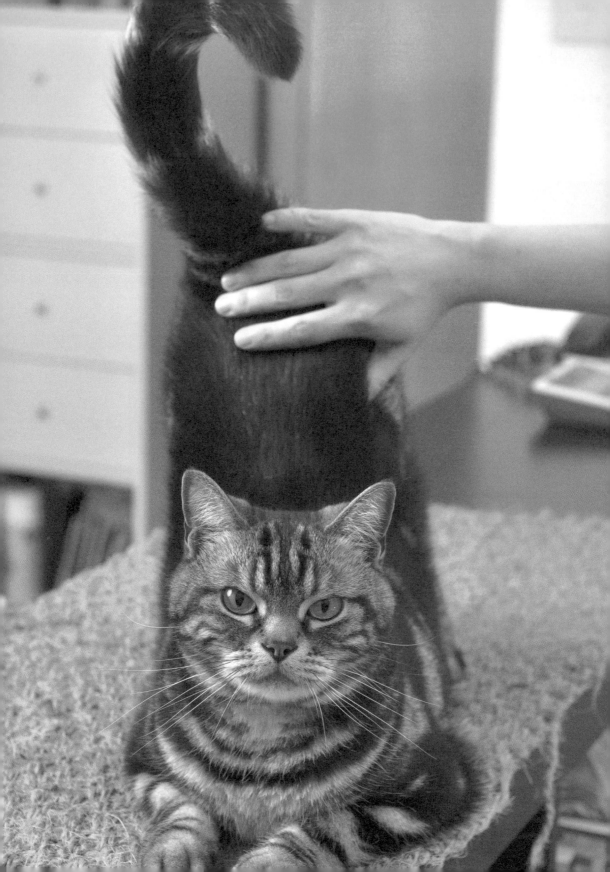

12

貓為什麼喜歡被撫摸？

　　因為貓將人類視為「貓媽媽」。在幼貓初生期間，母貓會一再舔幼貓，而人類撫摸毛髮的動作與貓的舔舐動作感覺很相似。對幼貓而言，貓媽媽是「餵食、清理和保護者」。由於人類在寵物貓遠離幼貓階段很久以後仍繼續撫摸牠們，因此家貓從未完全長大。貓也許在身材上完全長大，性方面也已成熟，但在與人類飼主的關係上仍維持著幼貓的心靈。

　　因此，貓會持續向飼主乞求母性關注，推促著飼主，並充滿渴望地注視著飼主，等待母親的手再次像巨大的舌頭一樣動作，梳理並拖拉牠的毛髮；即使是老貓也一樣。當人撫摸貓時，貓會做出非常有特色的身體動作：尾巴僵硬豎起，如同回應「媽媽」一樣。對於獲得真正母親關注的年輕幼貓來說，這個動作很典型；那是請求母親檢查肛門區域的動作。

貓看得到顏色嗎？

　　答案是可以，但相當糟糕。在上世紀的前半世紀，科學家相信貓是完全的色盲，而且有一位專家還將一句常見諺語改寫成：「不論日夜，所有貓都看見灰色。」這是一九四〇年代的普遍看法。但在過去幾十年中已做過更嚴謹的研究，目前已知貓可以區分特定顏色，但顯然技巧不佳。

　　早期的實驗之所以無法發現貓的色彩視覺，是因為在辨別試驗中，貓會快速理解灰階顏色中的微小差異，然後，當兩個灰階程度相同的顏色出現在眼前時，貓卻拒絕放棄灰階差異的線索。因此，試驗結果是否定的。不過，近期的研究使用了更精密的方法，已能夠證明貓可以區分紅色和綠色、紅色和藍色、紅色和灰色、綠色和藍色、綠色和灰色、藍色和灰色、黃色和藍色，以及黃色和灰色。至於貓是否可以區分其他組顏色，則仍在爭論中。比方說，有一位專家相信，貓也可以看出紅色與黃色的不同，其他專家則不以為然。

　　不論這些研究的最終結果如何，有一件事可以確定：顏色在貓的生活中並不如顏色在我們生活中那般重要。貓的眼睛在陰暗光線下的視覺比我們更靈敏；貓只需要我們眼睛接受光線的六分之一，就可以看到相同細節的運動和形狀。

為什麼有些貓打招呼時會用後腳跳？

　　貓在與人類伴侶適應中有個難題：我們比貓高太多了。貓聽到我們的聲音來自很高的地方，而且發現，要以正常方式跟一個巨人打招呼相當困難。該如何跟我們以典型的貓對貓磨臉問候？答案是做不到。貓只能湊合著磨蹭我們的腳或向下伸出的手。但是，盡量朝頭部打招呼是貓的天性，因此，貓會在向我們打招呼時，會做出稍微帶有企圖的動作：兩隻前腳同時舉離地面，雙腿僵直地跳，將身體短暫抬起，然後再落回正常的四腳姿勢。這種問候式跳躍象徵了頭對頭接觸。

　　上述解釋之所以成立，線索來自於小幼貓在母貓回巢時，有時會做出類似的打招呼方式。如果幼貓的腿已經成長得夠壯能「跳躍」，當幼貓用頭往上頂向母貓的頭時，會做出與上述一模一樣的動作，但比較有節制。幼貓並不需要跳很高，而且母貓會低下頭配合。

　　正如所有的磨蹭問候一樣，頭對頭接觸也是貓用來混合個人氣味，並使氣味變成共享的家族氣味的方法。在跟人類朋友問候時，有些貓會主動積極地創造出更好的頭部接觸方式。牠捨棄了有點悲哀的象徵性小跳躍，而是跳到靠近人類的家具上，藉著較高的位置讓牠更靠近，足以真正的臉對臉磨蹭。

15

為什麼貓看到你時會翻滾仰臥？

　　你走進房間，貓正躺在地板上睡覺，你親切地說了些問候，貓的回應可能是翻滾讓肚子朝上、盡可能伸長四肢伸懶腰、打哈欠、抓抓爪子，以及緩緩抽動尾巴末端。牠做這些動作時會盯著你，察言觀色。這是貓對你做出友善順從反應的方式，而且只會對親密家人做。如果進門的是個陌生人，幾乎沒有貓會冒險問候，因為肚子朝上的姿勢會大大暴露其弱點。是的，這正是貓的友情本質，事實上，貓正在表達：「我翻過來讓你看到我的肚子，表示我非常信任你，所以才在你出現時擺出高度暴露弱點的姿勢。」

　　如果是更主動的貓，牠會立刻跑向前，開始磨蹭你，表示友善問候。不過如果是心情很懶散、想睡覺的貓，則比較喜歡翻肚子。伴隨這個動作的打哈欠和伸懶腰，反映出貓的睡意；準備好隨時被打斷的睡意，不多不少。尾巴輕微抽動則暗示一個演化上的微小衝突，也就是維持伸懶腰和跳向剛進門的人兩個動作之間的衝突。

　　若是看見貓翻肚子，就假定牠允許你撫摸牠柔軟的下腹部，這並不一定沒有風險。雖然看起來牠好像有這個意思，但經常發生的情況是，當你試著伸出友善的手回應，卻換來貓惱怒地伸出爪子揮擊。貓相當保護腹部，很討厭有人碰那裡；除非貓和人類飼主之間已發展出相當深厚的親密關係才可以碰。不過比較典型的情況是，小心謹慎的貓對於靠近牠柔軟部位的任何東西，都會劃清界線。

為什麼不喜歡貓的人反而會吸引貓接近？

　　如果貓走進一個房間，裡頭有好幾個人在聊天，牠非常可能會走向異常懼怕貓的那個人。接著，在那個人的驚恐和難以置信下，貓會開始在他或她的腳邊磨蹭，甚至跳到那個人的膝上。貓為什麼要故意跟人作對？有些人認為，這確認了兩個舊觀念：一是貓天性頑劣，二是貓會故意挑選有懼貓症的人，然後動手讓他們難堪。但是，沒必要將這種迷信傳奇化，因為有一個更簡單的解釋。

　　當貓走進房間並四處看看時，牠注意到有好幾個人盯著牠；這些人是愛貓人，他們盯著貓是因為喜歡貓。但是，就貓的觀點而言，被盯著看等於是輕微的威脅。有時，兒童會被告誡「盯著人看不禮貌」，但愛貓人看著一隻貓接近時，往往會忘了這個規矩。如果只是看一下，那還可以接受，但他們卻一直盯著貓，讓貓感到很不自在。現場唯一沒有盯著牠的正是討厭貓的人，那個人會移開目光並保持靜止不動，試圖讓他或她害怕的動物忽視自己。偏偏這樣的行為正好帶來反效果。對貓來說，牠在尋找友善的膝蓋來坐，因此會直接走向這位理想伴侶；這個人沒有四處移動、沒有揮舞雙手、沒有用刺耳的聲音發表意見，更重要的是，沒有盯著牠看。因此，貓接近那個人，其實是向不帶威嚇意味的身體語言表達感激。

　　如果怕貓的人想要讓貓保持距離，秘訣就是往貓的方向靠近，張大雙眼死盯著貓，雙手還要做出誇張的動作，用尖銳的語調叫貓過來坐在他膝上。這麼做正好會有反效果，之後就可以高枕無憂，而且也不會冒犯主人心愛的寵物。

為什麼我們會說「沒有空間擺動貓」
來形容空間狹小？

在早期的海軍艦艇上，The Cat用來指鞭子，而不是指貓。鞭子，或九尾鞭（cat-o'-nine-tails，因為有九節打結的皮鞭，故稱之）太長，無法在甲板以下的空間揮動。被判鞭刑的水手必須帶到甲板上，才有足夠的空間揮擊鞭子。

鞭子被稱為cat，是因為被鞭笞的水手背上留下的傷痕，讓人聯想到凶猛野貓的抓痕。

為什麼貓打招呼時會磨蹭你的腳？

　　部分原因是向你表現友善的身體接觸，不過還有更多原因。一開始，貓通常會用頭頂或臉頰推擠你，然後沿著側腹部整個磨蹭過去，最後可能會用尾巴稍微環繞著你。做完這些動作之後，牠會往上看，接著重複一遍；有時會重複好幾次。如果你伸手下去撫摸，貓會增強磨蹭力道，通常是用臉頰推你的手，或以頭頂往上推。最後，貓會漫步走開，因為問候儀式已然完成，然後找個地方坐下，開始清理側腹部的毛髮。

　　所有動作都具有特殊涵意。基本上，貓是在與你氣味交換。貓的太陽穴和嘴角裂縫位置有特殊的氣味腺體，還有另一個腺體位於尾巴根部。在你不知不覺下，貓用腺體在你身上留下氣味記號。對我們粗枝大葉的嗅覺來說，貓的氣味太細微了。但是對貓而言，友好的家庭成員應該用這種方式分享氣味，這非常重要，因為這會讓貓覺得與人類伴侶在一起時更自在。同樣重要的是，貓要知道我們的氣味訊號。貓如何做到？在問候儀式的側腹部磨蹭動作之後，貓會坐下用舌頭「品嚐」我們的味道；也就是透過舔舐剛剛仔細磨蹭過我們的毛髮，貓就知道我們的味道了。

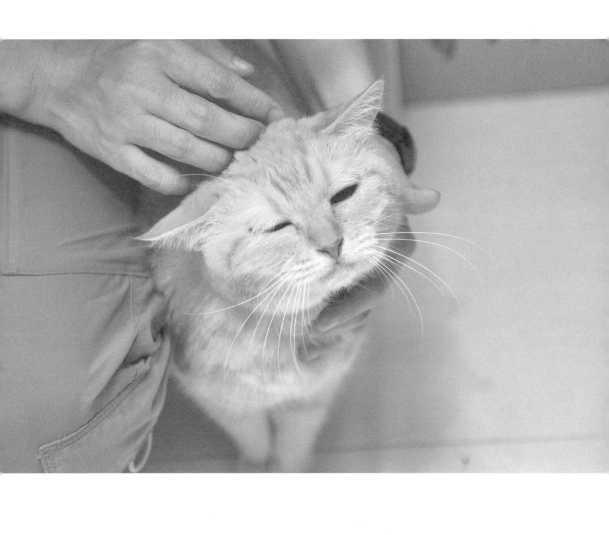

19

貓為什麼生悶氣？

　　遭到斥責的貓通常會轉身背對飼主，而且高傲地拒絕看飼主。有一位飼主如此形容這種「冷漠對待」：「牠轉過身去，動作靈巧又不慌不忙地坐下。平常我們叫牠的名字，牠會回應；但現在完全不理睬，儘管有時牠會把耳朵向後轉。」寵物貓遭到責罵或糾正時，許多飼主都會觀察到上述行為，這種行為常被稱為「尊貴的慍怒」。不過，貓真正在做什麼？

　　答案並非如飼主以為在表達「自尊受傷」，而是在顯示其社交地位的自卑。貓的高傲只是表面上，不是真的。這對某些飼主來說很難接受，因為他們相當敬重其貓伴侶。卻忽略了一件事實，就貓的角度來看，人類的體型巨大，因此在心理上具有壓倒性優勢。當貓行為不當而飼主生氣地回應時，貓會感受到威脅。飼主對貓某些不當行為的怒氣，通常會伴隨著刺耳的語調和定止不動的凝視。對貓而言，凝視具有相當的威脅性，貓的自然反應是避開具有敵意的雙眼凝視影像。

　　這樣的行為稱為「中斷」，中斷了視覺輸入，也就是節節逼近的敵意臉龐。此行為有兩個效果：一是減少貓自身的恐懼，並讓牠停留在原地，不用移動到遠處。二是可以預防其他貓跟著回瞪；回瞪意味著反抗，而且可能激起更強的敵意。

　　兩隻貓聚精會神地爭鬥地位時，就能顯示出「反凝視」在貓類社交生活中的重要性。地位較高的貓會隨時定止不動地凝視對手。地位較低的貓若要穩住陣腳，會故意不看敵人，而且確認自己的視線絕不

靠近怒目注視的大王雙眼。在人類世界中，這樣的威嚇凝視已經成為拳擊比賽的例行儀式。當裁判在第一回合前與兩位拳擊手說話時，兩位拳擊手會近距離直接瞪進對手的眼中。兩人一刻也不敢移開視線，若是移開，就會被解讀成示弱。而對「生悶氣」的貓來說，牠是故意表現出示弱，以回應飼主的威脅。

如果有人懷疑此說法，下次去動物園時可以做一項簡單的試驗；這個試驗是由貓學權威保羅‧萊豪森（Paul Leyhausen）設計。藉著站在老虎籠前並遮住雙眼，萊豪森證明了直接凝視的威力。他帶著一台相機並舉高遮住臉，但他仍然可以透過相機觀察老虎的一舉一動。老虎蹲伏下來準備攻擊，然後從籠子那一頭往前衝到萊豪森的位置。老虎快靠近時，他迅速放下相機並瞪大雙眼直視那頭大貓。老虎立刻半途煞車且迅速看往別處，避開眼前這個人的凝視。而當他再次舉起相機遮住雙眼時，老虎馬上展開另一波攻擊。接著，他再次以快速的凝視凍結老虎的動作，而且一而再地重複實驗。

如果有人意外在近距離碰到老虎，這個方法會很有用。除此之外，這也解釋了馬戲團的獅子馴獸師得以控制動物朋友的方法。

凝視威脅現象也解釋了貓類行為的另一個怪異點。有些觀察者注意到，家貓在院子裡狩獵小鳥時，某個特定方面顯得驚人聰明。他們觀察到，如果鳥的頭被小障礙物遮住，貓會迅速往前衝並出手獵捕，彷彿貓知道，鳥在當下看不到牠快速移動。貓需要有相當高的智力才能做出這項推理。

不過，當然還有更簡單的解釋。當貓可以看到鳥的眼睛時，會自動讓貓有被「凝視」的感覺，因而阻止牠進攻衝刺。一旦鳥的眼睛被障礙物遮住，凝視就不見了，貓也就可以攻擊。

針對大型貓科動物偷偷接近獵物的研究，也發現了類似的反應。如果獵物抬頭看，並直瞪著獅子或老虎，那頭大貓會怯懦地移開視線，彷彿突然對掠食行動毫無興趣。因此，任何獵物只要有足夠勇氣

貓咪學問大

穩住陣腳，並凝視正在狩獵的獅子，一定可以取得很多優勢……當然
囉，除非有另一隻獅子正黃雀在後，那就另當別論了。

為什麼貓有時會拒吃？

　　每一位貓飼主都熟悉以下情況：寵物貓靠近剛裝好的貓食碟子，聞了聞，然後一口都沒吃就悄悄走開。這情況並不常見，但是發生時往往是個謎團。為什麼貓會突然拒吃平常最愛吃的食物？

　　有沒有可能是生病了？有可能，不過在許多情況下，如果其他方面健康狀態都很好，只是拒吃，那麼這並不是原因。

　　有沒有可能是食物壞掉了？有可能，但這依然不是真正緣由，因為有時候食物就跟過去貓會狼吞虎嚥吃完的貓食一樣。有些飼主觀察到，一模一樣的兩份貓食在同一天的不同時間餵食，第一次有吃，第二次則拒吃。

　　如果健康無恙，食物也很棒，我們要處理的就是貓的行為問題，而且許多因素中任一個都可能是原因。

　　有一個解釋是，貓比較喜歡少量多餐，而不是少餐多量。如果考慮到貓天然獵物的大小（小老鼠和鳥），這解釋並不意外。家貓的不幸是，人類飼主很少有時間經常餵以跟老鼠大小一樣分量的貓食，而是在餵食時間舀出一大碟。如果將一般老鼠的肉跟你放在貓盤中的肉分量相比，將會發現，貓餐點平均約等於五隻老鼠。雖然這對忙碌的人類飼主很方便，但對貓而言卻太多了，無法一次吃完；除非牠餓得要死，但是備受寵愛的家庭寵物貓很少會非常飢餓。通常，貓吃完跟老鼠大小一樣分量的食物之後，就會漫步走開，讓食物消化，晚一點再回來吃掉另一份齧齒目動物大小的分量，依此類推，直到所有食物

吃完為止。

在此基礎上，如果有一餐吃得一乾二淨，盤底朝天，接著又拒吃下一餐，可能只是貓還沒準備好下一次「獵殺」。貓在管控食物分量上相當有效率。過胖的貓比過胖的狗（或人）要少見。所以，如果稍微餵太多，貓偶爾會抗拒，完全不碰剛盛好的食物。

但是，這仍然不是完整的原因，因為有些飼主曾觀察到，他們的貓每天吃的分量不盡相同。在特定幾天裡，貓會突然吃得比平常少很多。為什麼會這樣？有一個解釋是，貓即將從事性行為。舉例來說，如果你有一隻正在發情的母貓，牠可能會暫時不碰食物。或者，如果天氣突然變熱或變潮濕，或同時變得又熱又濕，貓咪可能會馬上減少進食量。

另一個可能是，在你不知情下，你的貓有其它食物來源。你的貓四處散步造訪鄰居時，親切的鄰居可能會給牠一些點心吃。或者，可能是當地的老鼠數量突然暴增，使得平常只在家裡進食的寵物貓對老鼠展開接二連三的狩獵和捕殺。如此一來，牠的胃口會毫無預警地大幅變小，害困惑的飼主把一整碟壞掉的貓食掃進垃圾筒。

另一個比較不可能的原因是，你的貓討厭放置餐碟的地點。貓不喜歡進食的地方有明亮的光線、大量噪音，或有許多忙碌進出的地方。貓喜歡在安靜、昏暗、私密的角落，而且遠離家中紛擾大啖其「獵物」。如果在不恰當的地點餵食，貓對食物的反應可能會變得反覆無常。如果貓異常焦慮或煩躁，可能是因為牠覺得噪音太多，無法應付，因而帶著貓式慍怒悄悄走開，而不是蹲下來享受美食。在這些情況下，牠吃或不吃，食物本身的決定因素比不上牠善變的心情來得高。

最後，即使上述所有因素都沒有影響到貓，牠還是可能對某一碟食物看不上眼。這就是天生的「食物變化機制」（food variety mechanism）在作祟。這個機制原本是在鳥類身上發現的，有人觀察

到，吃種子的鳥類有時會從一種種子換吃另一種，而兩種種子的營養其實很相似。如果只提供一種種子，鳥一定會吃，而且健健康康，不受一成不變的飲食之苦。不過，如果後來有好幾種種子可供選擇，鳥的喜好會突然轉變，即時那些種子就化學上來說都大同小異。在自然環境下，這個機制的重要性在於可以防止鳥類只對單一種食物「上癮」，這樣一來，就算那種種子突然消失，鳥類也不會頓失所依。對野貓來說，這個機制可以確保牠不會完全依賴一種獵物。至於家貓，這個機制意味著，以前「張嘴就有」的食物有時會突然失去吸引力，需要短暫變化一下。

就某些飼主的觀點來看，飲食轉變是件徹頭徹尾的麻煩事。但是，假使基於某種驟然出現的原因，貓發現自己原本的主人不見了，飲食轉變則對貓有好處。因為飲食轉變能讓貓更輕易轉換到因環境改變而被迫接受的新食物類型。

關於貓的餵食，有一件表面看似矛盾的事情非提不可。如果有一隻貓一律餵食完全單一無變化的飲食（但營養充足），日復一日都吃同一個牌子的貓罐頭，最後牠可能會拒絕其他各種新食物，不論多美味都沒用。另一隻貓如果都餵食各式各樣有趣且多變化的飲食，每天吃不同種類的貓罐頭和許多小點心，那麼，很弔詭的是，牠有時可能會拒吃其中一種本來最愛的食物。乍看之下一點道理也沒有。這個現象的解釋是，長期餵食毫無變化的飲食，尤其是從幼貓期餵到成貓階段，貓的「食物變化機制」會減弱，最終完全關閉。這樣會發展出所謂的「新事物恐懼症」（neophobia）：新的味道和氣味變成有威脅性，貓拒吃新的食物。第一種貓的嚴格日常慣例如果亂掉了（譬如年老飼主過世），可能會引發嚴重問題。而另一種貓，也就是飲食比較有趣多變的貓，其「食物變化機制」已完全啟動，而且這一輩子都不會關閉，對食物的要求會更多也更挑剔。換言之，食物沒得選的貓不會追求變化；而食物變化不斷的貓則要求更多變化。

21

貓的味覺有多敏銳？

　　既然貓的視覺、聽覺和嗅覺都比我們靈敏，那麼，知道我們至少有一種感覺器官比貓還優異，便十分令人欣慰。談到味覺，我們的舌頭就比貓舌頭稍微好一點。不過，也只是好一點而已，貓跟我們一樣，可以感覺到酸、苦、鹹、甜四種基本味覺。我們對這四種味道的感覺都很強烈，但貓的甜味感覺比較弱；貓沒有「甜舌頭」，不會成為嗜甜食者。

　　直到最近，仍有許多專家直截了當表示，貓幾乎是所有哺乳動物中唯一嚐不到甜味的。其中一位毫無保留地說：「貓對甜味沒有感覺。」另一位則宣稱：「貓無法分辨甜味。」如今應該要拋棄這個傳統看法了。新的試驗已經證明，貓的確可以感受到甜味。如果將牛奶稀釋成原本濃度的四分之一，然後給飢餓的貓兩種選擇，一個是稀釋牛奶摻蔗糖，另一個則是一樣的稀釋牛奶但不加蔗糖，貓一律喜歡有甜味的牛奶。

　　如果事實是如此，為什麼過去會否定呢？答案是，在大多數實驗中，貓的選擇會忽視甜味因素。甜味的重要性對貓而言非常低，貓會「忽視」。舉例來說，如果用完整濃度或甚至濃度減半的牛奶來實驗，貓對多少有點甜的牛奶並未表現出偏愛；因為貓對牛奶本身的反應太強烈了。只有透過稀釋大幅減少牛奶成分，才會顯示出甜味因素的影響。因此，雖然貓的確喜歡甜味，喜歡的程度卻非常輕微。

　　貓對酸味的反應最強，接著是苦味，然後鹹味，最後才是甜味。

當食物碰到舌頭時，會與舌頭上的感覺乳突接觸。舌頭中段的乳突最堅硬、最粗糙，還帶有倒刺。在這個區域，舌頭表面有一個特化結果與味覺無關。是的，在這中央區域沒有味蕾。這個區域只用來將肉從骨頭上銼磨下來，以及用來清理毛髮。味蕾僅侷限於舌頭尖端、兩側及後端。

不過，貓對食物的氣味與香味反應最強烈。當貓靠近食物時，氣味是牠接收的最重要資訊。這也是為什麼許多貓只是聞一聞貓食，然後就走開，連試嚐一下味道都沒有。就像紅酒鑑賞家只需要嗅一下香味就知道酒有多好，貓也是透過嗅覺就知道所有需要的資訊，不必真正嘗試食物。

如果貓真的嚐了一口，舌頭也會對食物的溫度產生靈敏反應。我們家貓的野生祖先喜歡吃新鮮捕殺的獵物；貓並非食腐動物。如今馴養的後代子孫也一樣。貓食最理想、最受貓喜愛的溫度是攝氏三十度（華氏八十六度），正好跟貓舌頭的溫度一樣。貓最痛恨直接從冰箱拿出來的食物；除非非常餓，因為此刻牠幾乎什麼都吃。不幸的是，對現今大多數的貓而言，加熱過的食物多少有點奢侈，而且就像許多人類一樣，貓也學會接受現代的「速食」心態了。

22

貓為什麼要喝髒水？

　　有些飼主注意到，他們的寵物貓似乎特別喜愛喝花園水窪及水池裡的水，這令他們十分愕然。貓完全無視廚房地板上一塵不染的碟子裡有乾淨的自來水（搞不好也有牛奶）等著牠飲用，就是要喝髒水。基於某種原因，貓忽視衛生無虞的享受，反而躡手躡腳地走到混濁的水窪去喝骯髒污穢的水。為什麼要這樣？

　　所有關於貓咪保健的最佳書籍都堅決主張，貓應該只喝新鮮乾淨的水，而且應該定期更換。那些書也告訴讀者，水碟也應該經常清洗，以避免傳染病或污染。但是這些書忽視了兩個問題。新鮮的自來水通常含有很重的化學物，而且經常加了很多氯，讓水有化學氣味。貓靈敏的鼻子無法忍受。更糟的是，碟子可能用最新式的洗潔劑洗過，用在食物碟子上並不妥，不過至少還有魚或肉的強烈香味可以掩蓋難聞的洗潔劑氣味。但在水碟中，已經令貓不快的加工水中又增加了洗潔劑氣味。如果沒有其他選擇，貓也只好公事公辦喝碟子裡的水。但是，戶外水窪和水池中的污濁髒水吸引力更強；水中也許滿是細菌和腐爛的蔬菜，但那些水天然、有機，除了誘人香氣別無怪味。

　　獸醫提出「疾病傳播」風險的可怕警告，導致你禁止貓喝池塘和水窪的水，也迴避了一大堆野貓為何能夠保持健康的關鍵問題。事實上，即使多花點功夫把碟子上的洗潔劑沖乾淨，讓貓願意喝乾淨的水，上述風險真的相當輕微。由於貓對洗潔劑污染的敏感程度比我們人類高好幾倍，因此有必要比平常沖洗更多次。此外，新鮮的自來水

應該放置一段時間，讓化學物消散，然後才給貓喝。如此一來，愛挑剔的貓也許會願意降尊俯就，將舌頭伸進你給的乾淨水中。

關於飲料還要提醒一件事，切勿只給貓喝牛奶而不給水。如果給貓牛奶，旁邊應該放一碟水，讓牠有所選擇。許多成貓其實不喜歡牛奶，而且對牠而言也沒必要。對某種貓（尤其是暹羅貓），牛奶會導致胃不舒服，如果只給牛奶不給水，貓很容易會腹瀉。

23

什麼東西對貓有毒？

　　除了明顯的毒物以外，貓也很容易受到日常生活可能碰到的一些物質侵害。那些物質幾乎都是現代化學製品，因為對我們有許多用途，我們便輕率地帶進貓的環境中。我們亟欲清潔我們擁有的世界並加以控制，卻往往在不知不覺中污染了貓的世界。

　　危害最大的是消毒劑和殺蟲劑。也許我們需要這些東西，不過我們使用時，也應該要想到我們的貓，否則寵物遲早會遭殃。這個原則不僅適用於室內，室外、庭院和農田裡也一樣；因為現代農業技術進步，受害的不只是野生動物而已。

　　對現今自由自在漫步的貓最大的危險，是齧齒目動物毒藥的使用。許多人使用各式各樣的老鼠藥，卻從未停下來想，這類毒藥的原始作用是使受害者行動減慢，成為正在狩獵的貓容易下手的目標。換句話說，垂死的老鼠最終很可能進了貓的五臟廟。老鼠體內當然還殘留著讓牠容易被抓的毒藥，因而會對倒楣的貓造成嚴重傷害。貓吃了老鼠之後，可能會開始嘔吐、口吐白沫、走路搖搖晃晃，身體狀況一團混亂。貓的心跳可能會加速或變弱，呼吸沉重又費力，最後可能會抽搐或開始出血。如果牠吃的老鼠中毒很深，牠也可能死亡。

　　另一個危險來自使用量高（例如用在草皮上）的家事粉末及噴劑。如果貓躺在含有除草劑的草地上，然後又仔細清理毛髮，將會輕易地吃進毒藥，這很令人擔憂。而在室內，貓躺在地板或其他表面上時，各種化學殺蟲劑、消毒劑及家具清潔噴劑也可能會沾染到貓毛

上。接著，因為貓有潔癖，牠會用舌頭清理毛髮，而意外將這些「實用的」化學製品帶進身體系統。劑量輕微的話還沒什麼大礙，但在家庭環境中，許多人狂熱追求清潔衛生，讓不幸的寵物多少處於危險中。

我們犯的一個錯誤，就是不自覺地以為只要對我們無害或有利的東西，對貓咪一定也一樣。我們用的某些止痛藥，對貓可能有害，即使是像阿斯匹靈這樣溫和又普及的藥物也是。如果我們把貓過度擬人化，開始餵以人吃的藥品，雖然我們努力對牠好，實際上可能是害了牠。當貓生病時，我們應該聽從獸醫的建議。

有時候，譬如聖誕節或特別聚會，有的人會在家貓的牛奶中加酒請牠喝，以為這樣很有趣。大多數的貓會拒絕參與這樣的慶祝，但如果貓喝了，很快就會受害。我們人類的消化系統會與酒精掙扎，但是恢復得很快，而且對於施加在長期受苦的內部器官的可疑物質，我們的解毒功能很強。反之，貓的消化系統在這方面就不夠成功，而且常常無法打敗食物中的危險成分以免於受害。正如貓無法妥善處理營養較低的蔬食飲食，貓也很難應付酒精（即使是適度分量也不行），而且可能會開始嘔吐、虛脫，甚至陷入昏迷。家貓適合清醒節制。

最後，有一種古老的天然毒藥可能會讓沒經驗的貓飽受折磨。當年輕的成貓在春天大膽進入花園冒險時，興奮地發現有一種獵物難以置信地好抓，那就是到處都很常見的蟾蜍。蟾蜍獨自笨拙地跳著，也不會突然飛奔尋求掩蔽。貓看到這誘人畫面立刻停了下來，猛撲過去，將利牙咬進獵物身體。不久後，貓會陷入急性的痛苦症狀：嘴巴變得又紅又腫，開始作嘔和流口水。這隻熱情有餘的貓已經學會花園生活的一則教訓：切勿捕殺蟾蜍。

蟾蜍雖然沒什麼特別處，行動緩慢又笨重，任何掠食性哺乳動物或鳥類都會認為牠很好捕捉，牠卻存活了數百萬年之久，因為牠已演化出一種特別強的毒藥：蟾毒它靈（bufotalin）。毒物存在於覆蓋在蟾

蜍皮膚上表面的大疣內。這些疣對人類並不危險，因為只有蟾蜍受傷害時才會滲出有毒液體。如果貓或其他粗心的掠食動物狠狠咬了蟾蜍一口，疣會滲出毒物進入攻擊者緊咬的下巴。蟾蜍很快會被吐掉並逃跑，如果幸運，牠只會受到一些輕微穿刺傷。值得注意的是，在蟾蜍粗厚頸部上方兩側的兩個最大的疣有毒；那個位置也正是貓用犬齒施展必殺咬技最喜歡瞄準的地方。事實上，這兩個疣大到看起來就像是蟾蜍眼睛後方的長型腫瘤，上面覆滿細孔，毒液就是從這些細孔滲出來。請記住，這種毒液只要二十毫克就足以殺死一隻狗，對貓同樣會造成傷害。這對輕率魯莽的貓是很嚴重的威脅，也許這也是古老說法「好奇殺死貓」的出處吧？所幸對大多數寵物貓而言，如果真的遇見蟾蜍，貓很快就學會蟾蜍的味道很糟，試著輕咬一口之後，會迅速吐掉這隻蠕動不已的兩棲動物，而且相同錯誤下次絕不再犯。只有真正粗暴的獵食者會受重傷，甚至死亡，因為在初次接觸時，牠就用犬齒深深咬進蟾蜍的脖子裡。

最後一件警告事項是防凍劑。防凍劑嚐起來甜甜的，而且貓喜歡其香味。假設有人在冬天一開始時，在車庫裡把防凍劑裝進汽車的暖氣系統，貓進到車庫時，可能會看到地板上有小水窪，裡頭有溢出來的防凍劑。如果貓舔了一點，乙二醇會造成腎臟無法挽回的損傷，甚至陷入重度昏迷。問題是，水窪通常會在汽車底下，不但難以察覺也很難接近，因此很可能沒清理到。不幸的是，貓小小的身軀很容易進到車子底下的空間，悲劇很容易發生。許多時候，當心愛寵物生病時，我們會先想到疾病和傳染病，但真正原因可能只是完全意外的化學製品中毒。

為什麼貓對貓薄荷的反應這麼大？

　　總歸一句，因為貓都是癮君子。貓薄荷是薄荷科植物的一員，其中含有稱為「荊芥內酯」（nepetalactone）的油，一種不飽和內酯，對某些貓的作用就如同大麻對某些人的作用。當貓在花園裡發現這種植物時，會出現十分鐘的「幻覺神遊」，在這十分鐘裡進入出神入迷的狀態。這種解釋多少有點擬人化，因為我們完全不知道貓的腦袋裡真正發生了什麼事。但是，只要看過貓對貓薄荷的強烈反應，都知道牠會變得多像是恍惚和嗑藥的模樣。所有品種的貓都會有這種反應，即使獅子也一樣，不過，並非每一隻貓的反應都相同。有些貓並不會出現幻覺神遊的樣子，其中的差異，目前已知與基因有關。就貓來說，要嘛生來就有癮，要嘛沒有。制約作用與這毫無關係。附帶一提，未成年的貓絕不會出現幻覺神遊的樣子。所有幼貓在出生後的頭兩個月會避開貓薄荷，直到三個月大才會有積極的反應。然後會分成兩類：一類從此以後不再主動避開貓薄荷，只是忽視，並把它當作花園中一般植物看待；另一類則是一碰到貓薄荷就抓狂了。這兩種貓的比例都約為百分之五十，不過有積極反應的會稍多一點。

　　貓對貓薄荷的積極反應形式如下：貓靠近貓薄荷，聞一聞，接著會愈來愈激動，開始舔它、咬它、嚼它、用臉頰和下巴一再磨蹭、搖頭晃腦、用身體磨蹭、大聲呼嚕叫、咆哮、喵喵叫、滾來滾去，甚至跳到空中；有時也觀察到洗臉和抓東西的動作。就算是最冷淡的貓，也會因為貓薄荷的化學成分而變得熱情外向。

　　由於貓在恍惚狀態中出現翻滾行為，肢體動作類似母貓發情，因此有人認為貓薄荷是某種貓類春藥。這個說法並沒有特別的說服力，因為那百分之五十顯示出，完全反應的貓包括公的和母的，也包括了未結紮和已結紮的貓。因此，那個狀態似乎不是「性幻覺」，而比較像吸毒幻覺；後者會產生與性高潮中所體驗到的類似狀態。

　　貓癮君子很幸運。與為數眾多的人類毒品不一樣的是，貓薄荷不會造成長期損害，而且十分鐘體驗過後，貓會恢復正常，毫無不良作用。

　　會讓貓產生這種奇怪反應的植物不只有貓薄荷（Nepeta cataria）。還有另一種是纈草（Valeriana officinalis）。此外，還有數種植物對貓有很強的吸引力。最奇怪的發現，而且此發現似乎完全沒有道理：如果以內服方式餵以貓薄荷或纈草，其作用就像鎮靜劑一樣。為什麼它們可以外用像「興奮劑」，內用像「鎮定劑」，目前仍是個謎。

為什麼有時貓會先玩弄獵物之後再殺死？

　　有些貓飼主經常發現，他們的寵物貓正在折磨老鼠或小鳥，因而飽受驚嚇。雖然貓獵人完全有能力祭出必殺咬技，但牠偏不，反而沉迷於「打了再追」或「抓了又放」的殘酷遊戲，結果，已經嚇呆的受害者可能在致命一擊之前就已經真的嚇死了。既然貓是效率一流的獵殺機器，為什麼要這樣做？

　　首先，這並非野貓的行為，而是豐衣足食的寵物貓行為。由於現今的生活環境太「衛生」了，整齊清潔的郊區和井井有條的村莊，在毒藥和人類的害蟲防制機構處理下，齧齒目動物侵擾早已不復見，導致寵物貓一直缺乏狩獵活動。對這樣的貓來說，偶爾抓到小田鼠或小鳥真是大事一件。貓無法忍受追捕行動結束，所以會盡可能延長，直到獵物死亡為止。狩獵的慾望跟食慾沒有關係；正如許多貓飼主所知，才剛用貓罐頭餵飽，牠就馬上到草地上追逐鳥類。正如同沒有食物會讓飢餓感增加，碰不到獵物也會增強狩獵的渴望。於是，寵物貓對獵物的反應過度，而獵物便落個凌遲而死的下場。

　　基於此，人們不會期望餐風露宿的野貓或擔任「專業有害動物防治員」的農場貓會沉迷於玩弄半死不活的獵物之中。大多數情況並非如此，但有些研究者發現，母的農場貓偶爾會沉迷於這種行為。有個特殊解釋可以說明。因為在一窩幼貓的成長階段中，母貓必須帶著活獵物回到窩裡，為幼貓示範如何殺死獵物。這個母性教育過程可以說明，為什麼即使不缺狩獵行為，母貓還是會有玩弄獵物的渴望。

　　這個看似殘酷的行為還有另一個解釋。攻擊老鼠時，貓其實對獵物的自衛能力很焦慮。大型鼠類很可能會狠狠咬貓一口，因此必須在必殺咬技之前加以壓制。壓制的方法是伸長爪子，揮出電光火石的一擊。用這個方式接二連三進攻，可以打倒老鼠，直到牠暈頭轉向。只有在這時，貓才會冒險靠近獵物面前，致命一咬。有時，狩獵的貓會將小老鼠當成具有威脅性的老鼠，開始用爪子攻擊，而不是直接咬牠。至於老鼠，這渺小的齧齒目動物被來回拋擲，很快就變成比例懸殊的殘酷重擊。貓的行為可能看起來像在玩弄獵物，但這與「抓了又放」的遊戲不同，因此不應該混淆。在「抓了又放」遊戲中，貓每次都忍住不咬，是在壓抑自己以便延長狩獵過程。在對老鼠「打了再追」的攻擊中，貓只是對獵物牙齒的可能危險過度反應。表面上看起來似乎是殘酷的遊戲，事實上，卻是貓對自己沒有足夠的自信。即使獵物已經彌留或完全死亡，貓還是會繼續四處揮打受害者軀體，專心觀察是否會有還手的跡象。這個行為持續一段時間後，貓才會認為已經安全而發動必殺咬技，再吃了獵物。不過，經驗老到的全職獵人不會有這種反應，只有嬌生慣養的寵物貓，因為對快速獵殺的技巧有點生疏，才會選擇這種比較安全的方法。

為什麼貓看到小鳥飛過窗子，牙齒會發出打顫的聲音？

　　並非所有飼主都看過貓這種古怪行為，不過因為實在怪得可以，所以看過一次畢生難忘。貓坐在窗台上，發現一隻小鳥在外頭惹眼地跳著，於是熱切地盯著牠。貓盯著鳥的時候，牙齒也因下頜運動而開始顫動；這個動作又被描述為「牙齒咯咯響的口吃」、「強直性反應」，以及「呆板斷音方式的受挫貓下頜打顫」。這到底是什麼意思？

　　這就是所謂的「真空活動」（vacuum activity）。此時貓做的是高度特化的必殺咬技，彷彿牠已經用雙頜鉗咬住不幸的鳥。仔細觀察貓殺死動物的方式後發現，貓會使用一種特殊的雙頜動作，令獵物近乎立即死亡。這對貓類掠食者很重要，因為即使是最膽小的獵物，真正被抓到時還是可能會發出猛然攻擊。因此，盡可能減少自己被尖銳鳥嘴或有力的齧齒目動物牙齒傷害的風險，對貓來說生死攸關。貓殺手用前腳利爪攫住獵物的第一擊之後，會迅速以長長的犬齒瞄準頸背位置咬下。藉著雙頜快速的顫動，牠可以將犬齒刺進脖子裡，再滑進脊椎骨之間，切斷脊髓。這個必殺咬技會立即使獵物無法動彈，這正是盯著窗外看，慾望無法滿足的受挫貓所做的特殊動作。

　　附帶一提，引導必殺咬技位置的是獵物身軀輪廓的凹陷處，也就是小型鳥類和小型齧齒目動物身上，頭部與軀體接合位置的凹陷處。有些獵物已演化出一種防禦策略，牠們會弓起身體，隱藏起凹陷處，藉此方式讓貓失去準頭。如果伎倆奏效，貓可能會咬到受害者身上不

致命的地方。雖然機會不大，但如果貓以為已經給予致命一擊而稍有
鬆懈，獵物就可能得以掙扎逃生。

為什麼貓盯著獵物看，會來回擺動頭？

　　當貓正準備撲抓獵物時，頭有時會有節奏地來回擺動。這是許多
擁有雙眼視力的掠食者會使用的手段。擺頭動作是用來確認獵物所在
位置的距離。如果你來回擺動自己的頭，就會知其所以然了；物體愈
近，橫向移動的距離就愈大。貓藉此來修正其判斷，因為一旦快速向
前撲抓時，必須分毫不差，否則就是失敗收場。

貓如何準備自己的食物？

　　貓殺死獵物之後，會立即履行一個小小的怪異例行公事：散步。除非牠很餓，否則牠會四處散散步，似乎需要緩和一下獵殺的緊張情緒。之後才會安定下來吃獵物。這樣的暫停，可能對貓的消化很重要，因為能讓牠的系統從剛剛的腎上腺素刺激時刻冷靜下來。在這個暫停期間，假死的獵物可能會試圖逃跑，而且在貓再次恢復狩獵心情之前，逃跑可能會成功，不過成功機會少之又少。

　　貓終於走向獵物準備吃的時候，還有一個問題：如何準備食物以便輕鬆吞嚥。體型小的齧齒目動物沒什麼困難，只要從頭開始吃就可以，如果皮也吞下，晚一點會吐出來。有些貓會把膽囊和腸子挑出來，避免吃到，但有些則是餓到全不在乎，狼吞虎嚥整隻動物，毫不大驚小怪。

　　鳥類則是另一回事，因為牠們有羽毛，不過即使如此，較小型的鳥類，貓仍是整隻吃下去，但尾巴和翅膀羽毛除外。像鶇鳥和黑鶇大小的鳥類，貓會先拔掉一些羽毛再吃，不過，一旦開始吃，牠就沒耐心拔毛了。過一會兒，牠會暫停一下，多拔掉一些羽毛，然後再繼續吃。在整個進食過程中，牠會重複此步驟好幾次。然而，較大型的鳥類則需要更有系統地拔羽毛，如果貓成功獵殺鴿子或更大型的鳥，必須拔光羽毛才能開始吃。

　　為了拔鴿子的羽毛，貓必須先用前腳壓住鳥的身體，咬住一撮羽毛，用點力氣將頭往上抬，最後張開嘴，用力左右甩頭，甩掉黏住的

羽毛。在甩頭時，牠會用力吐，並用舌頭做出往外舔的特殊動作，試著將緊黏羽毛的嘴清理乾淨。貓有時也會暫停，舔一下側腹部的毛。最後這個是反向清理動作；也就是說，一般是用舌頭清理毛，而此時則是用毛來清理舌頭。去除所有殘留的羽毛之後，再開始下一階段的拔羽毛作業。

拔除大型鳥類羽毛的衝動似乎是天生的。有一次，我把一隻死鴿子送到住在動物園籠子裡的野貓面前；那隻野貓的日常飲食一律都吃生肉塊。當牠看到覆有完整羽毛的鳥時，變得異常興奮，著迷似地開始一而再、再而三地拔羽毛，拔到整隻鳥的身軀完全裸露為止。接著，那隻貓並不是平靜下來開動，而是將注意力轉向先前所坐位置的草地，開始拔草。牠一次又一次地用獨特的拔鳥羽動作拔起整撮草皮，再把草皮甩掉，直到耗盡長期得不到滿足的準備食物衝動為止。最後，那隻貓終於咬鴿子肉，開始進食。拔羽毛顯然有其動機，而且就像其他更明顯的衝動一樣，會因為貓遭到囚禁而無法滿足。

拔羽毛最奇妙的特色是，歐洲和美洲的貓動作不一樣。歐洲所有品種的貓採用之字形拉扯動作，所以整個頭會搖來晃去；美洲的貓則是以長長的垂直方向，筆直往上拔羽毛，然後才開始左右甩頭。如此看來，大西洋兩岸的貓除了外表相似外，實際上卻是兩個截然不同的族群。

為什麼貓要把剛捕到的獵物帶給飼主？

　　因為在貓咪眼中，飼主實在是個毫無指望的獵人。雖然貓通常會將人類視為擬父母，但在這些時刻，牠將人類視為家人，換言之，是視為幼貓。如果幼貓不懂得如何抓和吃老鼠與小鳥，貓父母就必須示範給牠看。這就是為什麼最常把獵物帶回家並將這禮物送給飼主的，通常是結紮過的母貓。牠們沒有自己的幼貓，因而把對象轉向人類伴侶。

　　受到這種禮遇的人類經常覺得恐怖或生氣而退縮，尤其是當小型齧齒目動物或鳥類還半死不活在掙扎時，人類的反應更大。如果貓因為這慷慨行為而受到責罵，牠會再次認為牠的人類朋友實在難以理解。正確的反應應該是稱讚貓慷慨的母性，一邊讚美牠、撫摸牠，一邊將獵物拿走，然後趕快丟掉。

　　在自然環境下，有小貓或幼貓的貓會循序漸進地帶牠們認識獵物。當牠們約七週大時，她不會把追捕到的獵物直接殺來吃，而是先殺死，再帶回幼貓待的地方。她會在那裡吃給牠們看。下個階段，她會將死掉的獵物帶回來，先玩弄一下再吃掉。這樣一來，幼貓就可以觀察她用爪子撲打和抓取獵物。第三階段，則是把獵物留給幼貓吃。不過，此時她還不準備冒險帶活的或半死不活的獵物給幼貓，必須等牠們再大一點。到時候，她會親自殺了獵物，而幼貓則從旁邊觀察學習。最後，幼貓會加入她的狩獵行動，並試著自己獵殺。

30

貓擔任有害動物殺手的效率有多高？

　　在貓晉升成為人類友好伴侶和寵物之前，人類與貓之間的契約奠定在貓消滅有害動物能力的基礎上。遠在人類剛開始儲藏穀物之時，貓就已經發揮其作用，而且非常成功地履行了契約。

　　就在不久前，人們還認為要讓農場貓努力抓老鼠和其他齧齒目有害動物的最佳方法，就是盡量讓貓獵人餓肚子。其中的道理夠明白，卻是錯的。飢餓的農場貓會在廣大的狩獵領域中遊走，尋找食物，在農場內獵殺有害動物的數目較少。農夫餵食的貓會待在離家較近的地方，獵殺的農場有害動物總數就高出許多。雖然牠已經餵食過，也不特別餓，但對於每天獵殺的有害動物數目並沒有差別，因為狩獵的慾望與食慾無關。貓是為了狩獵而狩獵。只要農夫瞭解這一點，就可以將貓留在農場附近，並減少齧齒目有害動物對其儲藏物的損害。

　　據一位專家所言，抓老鼠的冠軍紀錄貓是一隻住在英國蘭開郡工廠的公虎斑貓。在長達二十三年的歲月裡，他殺了超過兩萬兩千隻老鼠，幾乎是一天三隻。考量到人類朋友另外給的食物，這個數字算是合理的家貓一日食量；但是捕鼠高手世界冠軍的紀錄遠遠超過這數字。此榮耀屬於一隻母虎斑貓，她生活在已拆掉的英國倫敦「白城體育場」（White City Stadium）。僅僅六年時間，她抓的老鼠不下一萬兩千四百八十隻，等於每天平均五到六隻。相當傑出的成就。由此也可輕易看出，為什麼古埃及人千方百計要馴養貓，以及為什麼殺一隻貓就要處死的原因了。

什麼味道會使貓反感？

　　現代自來水的化學氣味可能會讓貓不想喝碗裡的水，但是味道並不會強到讓貓轉身離開廚房地板放水碗的角落。很少有難聞的味道讓貓完全卻步。對於尋找貓討厭的味道用來當驅避劑的人來說，這是個難題。比方說，當貓開始抓貴重椅子的布料，或弄髒昂貴地毯時，如果可以灑點或塗些貓厭惡的東西讓牠們不要靠近，那會很實用。但有什麼可以拿來用呢？

　　回顧貓科動物遏制物的長遠歷史，只有三種臭味物質達到一定功效。第一種是稱為「芸香」（rue）的小型芳香灌木葉子壓碎後的油。早在西元一世紀時，羅馬作家老普林尼（Pliny）在其不朽著作《自然史》（*Natural History*）中提到，將這種灌木樹枝放在東西四周，可防止貓靠近。到了一千兩百年後的中世紀，仍有人提出這個建議；有位藥草園專家寫道：「在草皮區塊後方，應混合多種藥用與芳香藥草，其中，芸香因其美貌與綠意，應在許多位置混合種植，而且其苦味可驅退有惡意的動物，使其遠離花園。」有些現代的園藝家指出，處理這種植物的葉子，會造成敏感皮膚起水泡疹，因此必須慎重。不過這也表示，芸香的油很有機會成為驅趕行為不當之貓的驅避劑。基於某些原因，這個古老的民間智慧似乎快被完全遺忘，不過，如果一般方法都失敗，倒是值得重新拿來運用。

　　第二種建議也許比較簡單，就是使用洋蔥。用生洋蔥在要保護的區域到處摩擦一下，通常可以將貓驅退，而且洋蔥味雖然讓人一開始

也覺得不舒服，但很快就會忽略。而且，即使房子裡的人類早已忘掉其存在許久以後，大多數的貓依然會覺得洋蔥味很討厭。

然而，最有效的驅避劑卻是簡單的家庭用品：醋。貓很討厭醋，其酸味會讓貓靈敏的鼻道不舒服，而且貓會避免任何東西長時間沾染鼻道。如果不想在當地獸醫院購買特殊的商業製作驅貓噴劑，醋便是最佳武器。

不過，必須附帶一題，貓是很頑強的動物，常會將這樣的化學戰爭視為挑戰。貓的第一反應是轉換活動場地。如果這個方法行不通，一陣子之後，牠可能會設法克服對特定物質的厭惡，這時就必須改變策略了。歸根結柢，最佳解決方式是透過暸解與智慧設法戰勝貓的破壞方式，而不是藉助散發臭味的化學製品。如果可以分析出貓不當活動背後的習性，又能找出心理解決方案，就長期來說才是比較成功的方法。

附記：

完成這本書之後，我得到一株芸香的插條，並用我自己的貓來測試。我把芸香放在地毯上，引起了貓的注意，她坐下來且靠近聞了聞。不過，當我用葉子在手指間摩擦後，將手指伸出去給她聞，她的反應很誇張。她將鼻子湊到我手上，然後向後彈跳出去，嘴張開想嘔吐。然後她揚長而去，拒絕靠近我。我洗了手之後，試著跟她言歸於好，但是當我要撫摸她時，她卻對我發出嘶嘶聲。十分鐘後，我靠近她時，他會喵喵叫。然後花了好幾個小時她才原諒我，不再把我看成活動的驅貓劑。

32

貓為什麼要把排泄物埋起來？

　　這行為一直被視為貓極度要求整潔的象徵。因為狗比較不整潔，貓飼主經常用這件事向狗飼主炫耀，斷言貓比狗優越。把掩埋排泄物當作貓很衛生的象徵，是大家喜歡的解釋，卻經不起嚴密研究的考驗。

　　事實上，貓掩埋排泄物是減輕氣味外露的一種方式。掩埋排泄物是地位較低且擔心自己社交地位的貓的行為。這在嚴密調查野貓的社交生活時獲得證實。調查發現，地位較高的公貓並不掩埋其排泄物，反而是排泄在「具有宣傳效果」的小丘上，或是環境中地勢較高的地點，讓氣味能四處飄散，達到最大的影響力。只有較柔弱順從的貓會掩藏排泄物。我們的寵物貓總是小心翼翼地進行掩埋的例行程序，其實是考量到在某種程度上，牠們把自己視為受我們統治（也可能受到鄰居其他貓的統治）。這其實並不令人訝異。我們的體型比牠們大，而且我們完全掌控貓生活上的極重要因素：食物供應。我們的統治地位早在幼貓階段就存在，也從未受到嚴重質疑。即使是大型貓科動物，例如獅子，也可能一輩子都處於地位較低的角色，受友好的飼主統治。因此，家貓永遠對我們保持敬畏且隨時確認掩埋排泄物，實在不足為奇。

　　掩埋排泄物當然不可能完全蓋掉氣味，但還是能夠大大減少。透過這個方式，貓可以藉著其氣味宣告自己的存在，但又不至於傳達過多的威脅。

貓為什麼要吃草？

　　許多貓飼主都曾觀察到，寵物貓有時會走向花園裡的長草莖部面前，開始又嚼又咬。而且大家都曾聽聞，居住在公寓裡，沒有花園可以散步的貓，會不顧一切地想找到草的替代品，而對家中植物造成可觀的損害。這樣的貓，偶爾會因為咬到有毒的植物而受傷害。

　　許多貓專家對這個行為也百思不解，其中有些人坦言不知道答案，有些人則提出形形色色的解答。許多年來人們偏愛的解答是，貓把草當作瀉藥，協助牠們排出卡在腸子裡的棘手毛球。還有一個相關的推測宣稱，貓吃草是為了把毛球嘔出來。這個解答是根據下列觀察：貓有時的確在吃了草之後會嘔吐。但是這個解答卻忽略了一個可能性，讓貓覺得不舒服的原因，可能也是讓牠們想要吃草的原因。

　　有一個比較冷門的解釋是說，貓喉嚨發炎或胃痛時，吃草會有幫助。有些專家則簡單地認為，貓吃草只不過是在飲食中加點粗纖維而已。

　　以上這些解釋都不太成理，因為貓真正吃下肚的草量少之又少。如果觀察貓咀嚼長草的過程，就會發現，牠們只是把葉子和莖嚼出一些汁液，而不是吃進一大堆固態東西當作額外的飲食。

　　最新也最可能接近事實的解釋是，貓咀嚼草是為了獲得無法從肉類飲食取得的微量化學物質，而且這種物質對牠們的健康不可或缺。此物質是名為葉酸的維生素，之所以對貓至關重要，是因為葉酸在製造血紅素方面扮演了很重要的角色。如果貓缺乏葉酸，成長會變差，

也可能造成嚴重貧血。有些寵物貓受限於環境，完全無法攝取到草，為了解決這個問題，有時飼主會把草種在盤子裡，在公寓中培育出一小塊長草區域，讓貓去咀嚼。

另外附帶值得注意的一點，雖然貓可能需要這種植物來補充其肉類飲食，牠主要還是肉食動物，也必須以肉餵食。有些本意善良的素食主義者試著讓貓改吃無肉飲食，這不僅是誤導，更是殘酷。吃了素食之後，貓很快就會生重病，而且無法存活很久。宣稱適合貓的素食飲食出版品也無疑是虐待動物，應該以虐待動物事件處理。

貓為什麼有九條命？

貓的恢復能力和堅強韌性讓人認為，貓不只有一條命，不過為什麼說貓是九條命，而不是其他數字，卻常常讓人困惑。答案再簡單不過了。在古代，九這個數字被視為特別幸運，因為是「三位一體的三倍」，所以最適合「幸運的」貓。

35

為什麼貓要花那麼多時間理毛？

　　答案當然是為了保持清潔。但是，理毛的作用遠超過保持清潔。除了把灰塵和污垢或上一餐的殘渣清理乾淨以外，重複舔毛有助於將毛理順，如此一來，其保溫層作用的效果會更好。如果毛亂七八糟，保溫效果會很差，在天寒地凍時會對貓造成危害。

　　寒冷並非唯一的難題。貓在夏天時很容易過熱，此時，理毛的次數會增加，這是有特殊原因的。貓跟我們不同，牠們全身沒有汗腺，因此無法用流汗快速冷卻；雖然喘氣有幫助，但還不夠。解決方法是不斷舔毛，並盡量在毛上留下唾液。唾液的蒸發與我們皮膚上的汗水蒸發有相同功用。

　　如果貓處在陽光下，理毛的頻率會更高。也許有人認為，這只不過是因為更熱的關係；事實並非如此，而是因為陽光照在毛上會產生基本的維生素D。貓用舌頭舔舐陽光曬暖的毛，藉以獲得這個重要的飲食添加物。

　　貓焦慮時，理毛次數也會增加。這種行為稱為替代性理毛（displacement grooming），據信，其作用是用來緩和緊張的社交衝突壓力。當我們處於衝突狀態時經常會「搔頭抓腦」；貓處於類似情況時則會舔毛。

　　任何一位擁抱或摟抱過貓的飼主，一定很熟悉貓一脫離人的懷抱之後的反應：牠會慢慢走開，坐下，然後如近乎老規矩般開始梳理自己的毛。部分原因是要理順剛被弄亂的毛，但還有其他原因。當你觸

摸貓時，已經將氣味沾到牠身上，而且多少掩蓋了貓的氣味。舔毛動作可以調整氣味的平衡，減弱你在牠身體表面的氣味，並增強貓自己的氣味。我們的生活是由視覺訊號主宰，但在貓的世界裡，氣味和香氣的重要性更高，因此，如果毛上面的人類氣味太重，會令牠不安，必須迅速修正。此外，舔舐你剛摸過的毛，意味著貓可以真正「品嚐」你的味道，並讀出從你的汗腺氣味獲得的訊號。我們人類也許無法嗅到自己手上的味道，但貓可以。

最後，貓的自我梳理有個典型動作，就是用力拉扯毛，這個動作對於刺激每根毛底部的皮膚腺體有很特殊的功用。這些腺體的分泌物對保持毛的防水功能至關重要，而貓的舌頭忙碌拉扯可增強防水功能，形成防雨水的保護。

由此可見，理毛的功用遠遠超過清潔功能。當貓舔毛時，不僅是在保護自己遠離污垢和疾病，也避免挨凍、過熱、缺乏維生素、社交緊張，更能避免異味及皮膚濕透。難怪貓醒著的時候要花那麼多時間理毛了。

不過，舔毛動作有一個先天危險。正在換毛以及毛非常長的貓，很快會在消化道累積大量的毛，這些毛會形成毛球，並可能導致阻塞。通常貓可以自然地嘔出毛球，不會造成任何麻煩。但是如果毛球太大，就可能演變成嚴重危害。性情緊張的貓會經常替代性理毛，因此也會有毛球問題。若要解決問題，必須找出使牠不安的原因並處理。對於正在換毛的貓及長毛貓，唯一的預防之道就是飼主定期用刷子幫牠梳理，去除過量的毛。

貓約三週大時，就會開始自我梳理，不過，從牠出生那一刻起，就有母貓幫牠照料牠的毛。由別隻貓梳理毛的行為稱為相互理毛（allogrooming），相較之下，自己理毛的術語稱為自我理毛（autogrooming）。相互理毛不僅在母貓和幼貓之間很普遍，一起長大且發展出親密社交關係的成貓之間也很常見；其主要功能並不是互相保

持清潔，而是鞏固兩隻貓之間的友好關係。同樣的，舔舐貓自己舔不到的地方也有特殊吸引力，貓特別偏愛梳理耳朵後方位置。這也是為什麼在飼主和貓的碰觸中，就數搔磨耳後最受歡迎了。

當貓專心地完整「梳洗」時，自我理毛動作經常遵循一定的順序。典型的例行程序如下：

1. 舔上下唇。
2. 舔左右兩邊其中一隻爪子，直到濕潤為止。
3. 用濕爪子摩擦頭，包括耳朵、眼睛、臉頰和下巴。
4. 用同樣方式將另一隻爪子舔濕。
5. 用濕爪子摩擦那一側的頭。
6. 舔前腳和肩膀。
7. 舔側腹部。
8. 舔生殖器。
9. 舔後腿。
10. 舔尾巴的底部到頂端。

在這過程中，不論哪個階段碰到阻礙，例如碰到一小撮糾結的毛，舔毛的動作就會暫停，以便用牙齒細咬那個地方。全部清除後，就會恢復理毛程序。特別常見的是輕咬腳和爪子，目的是清除污垢和改善爪子的狀況。這個完整的清理程序與其他許多哺乳動物常見的程序不同。比方說，老鼠會兩隻前爪一起用，用整隻前爪來梳理頭部；貓則只用到爪子那一側和部分的前臂。此外，齧齒目動物是坐在後腿上，並同時用兩隻門牙理毛；貓的方法則是輪流使用兩隻前腳。許多觀察者鮮少論及這些差異，只是簡單表示貓正忙著清理自己。事實上，更嚴密的觀察顯示出，每一種都遵循著獨特且複雜的動作順序。

貓的毛有幾種類型？

　　野貓身上的毛有四種：絨毛（down hair）、芒毛（awn hair）、護毛（guard hair）及觸鬚（vibrissae）。貓身上每平方公釐有多達兩百根毛髮，讓貓擁有一件出色的毛外套，即使在最冷冽的夜晚，也能提供保護。

　　絨毛是最靠近皮膚的毛，主要任務是讓貓保暖及維持寶貴的體溫。這種毛是最短、最細，且最軟的毛髮。整根毛髮從頭到尾的直徑幾乎相同，但它們不是直的，而是有許多短波浪，在放大鏡下看起來是捲曲或有波紋。讓這種底層絨毛擁有優異的保溫特性，正是其柔軟及捲曲的性質。

　　芒毛形成中間層，是柔軟底層絨毛和頂層護毛之間的中間物質。其功用是隔熱，部分是保護。它們是剛毛狀，微微朝尖端方向膨脹，然後才是逐漸變細的末端。有些專家將芒毛細分為三種：底芒毛、芒毛及護芒毛；不過這樣細微的區分價值不大。

　　護毛形成頂層保護。它們在一般體毛中最長也最粗，其作用是保護底層絨毛不受外在因素傷害，並維持其乾燥與溫暖。護毛是直的，而且從頭到尾均勻變細。

　　觸鬚是大幅放大且堅韌的毛髮，用途是靈敏的觸覺器官。這些特化的觸覺毛髮形成上唇鬍鬚，而且臉頰、下巴，以及眼睛上方和前腳腕關節上也有。與其他種毛髮相較之下，觸鬚的數量相當少，但對於貓在微弱光線中探索或狩獵時，扮演至關重要的角色。

　　野貓身上三種一般體毛中，以絨毛最多。大約每一千根絨毛才有約三百根芒毛及二十根護毛。不過，在不同純種貓的品種之間，比例的差異很大，因為這些貓已針對其特有的毛皮類型仔細挑選；有些很纖細，有些短而粗糙，或者是長而膨鬆。這些差異是因為不同種毛髮的多寡而形成。

　　例如，純種長毛貓的護毛相當長，長達五英寸，而且絨毛又細又長，卻沒有芒毛。有些短毛品種的護毛長度不到兩英寸，芒毛稀疏且沒有絨毛。硬毛貓三種體毛都有，但全都既短又捲。怪異的柯尼斯捲毛貓（Cornish Rex）沒有護毛，只有非常短又捲的芒毛和絨毛。得文捲毛貓（Devon Rex）也是三種體毛都有，但全都縮短成絨毛性質。而驚人的無毛貓加拿大斯芬克斯貓，則沒有護毛和芒毛，只在四肢有柔軟膨鬆的絨毛。

　　這樣的選擇性育種對於貓的自然毛皮已造成浩劫，製造出來的貓種類無法全部在今日的野生環境中大量繁殖。有些貓會受凍，有些則會太熱，還有一些如果沒有每天梳理，將會嚴重混亂糾結。所幸，這些純種貓身邊通常有許多貓奴，能滿足牠的需求和舒適。而且，萬一碰上最糟的情況，貓被迫要當無主寵物養活自己，變化很快就會發生。貓可能會受氣候所苦，但如果得以存活，並和不同品種交配，不出幾代，其後代將會再次回復成野生類的毛皮；混種是無主貓群體不可避免的結果。

明明臉不髒，貓為什麼還是要舔臉？

貓以舌頭快速舔嘴唇，這個訊號透露出牠愈來愈激動，也表示有東西強烈吸引牠或使牠困惑。貓的目光會凝視著讓牠激動的來源，然後開始清理鼻子或嘴巴四周的毛鬚，讓人以為這是牠突發的急切需要，但又令人費解。其實沒什麼需要清理。這個清潔動作並沒有任何作用，而且也不符合餵食後或一般理毛過程中常見的模式。這種舔嘴動作既短促又激烈；舌頭快速舔動並不會如一般狀況，演變成正確的清潔動作。貓這個行為就像人類在困惑或煩躁的時候搔頭一樣。

此類反應稱為「替代性動作」（Displacement Activity）。貓處於矛盾衝突的狀態時就會出現這個動作。如果有什麼事物讓貓既煩躁卻又好奇，就會同時對牠產生排斥與吸引的作用。牠坐著，想離開又想待著。牠盯著刺激物看，由於無法解決困惑，便藉著可以打破僵局的瑣碎又短暫的動作，顯示出牠的煩躁不安。不同物種的反應方式各不相同。有些動物會啃腳爪，有些則用後腳搔抓耳後。鳥類會在樹枝上摩擦嘴喙；黑猩猩會搔抓手臂或下巴。不過對貓科動物而言，最喜歡的還是舔舌頭。

要測試貓這種反應，有一個無害的方法。貓不喜歡高音的振動噪音，卻又會好奇發出噪音的是什麼東西。用硬幣在普通梳子的梳齒上來回摩擦，就可以發出這樣的噪音。幾乎每隻貓只要一聽到這個動作發出的「喀哩哩哩哩哩」聲音，就會盯著你手上的梳子，幾秒鐘後就開始舔嘴唇。如果噪音持續下去，也許貓終於覺得已經夠了，便會起

身走開。令人驚訝的是,這個實驗對於成獅和小型虎斑貓一樣有效。有時,使勁打噴嚏或打一個大呵欠會取代舔舌動作。打噴嚏和打呵欠似乎都是貓科動物的「替代性動作」,不過比不上舔舌動作常見。

為什麼貓會對振動聲響感到煩躁仍是個謎,唯一說得通的是,在貓科動物演化過程中,振動聲響代表了某種有害動物、不適合當獵物攻擊的動物。現成想得到的例子是響尾蛇發出的喀哩喀哩聲音。對於這類動物,也許貓會自動產生警覺,而這可能可以說明,為什麼貓會同時既煩躁又好奇。

38

一隻貓的領土有多大？

　　與家貓對應的野貓具有相當大的領土，公貓巡邏範圍高達一七五英畝（〇‧七平方公里）。可以外出到野地的家貓，如果住在有無限空間的偏遠地區，其領土範圍也大得很可觀。典型的農場貓會盡可能用到最大空間，公貓的領土範圍超過一五〇英畝（〇‧六平方公里）。母農場貓則比較節制，平均只使用約十五英畝的空間。在都市、城鎮及近郊地區，貓口幾乎已經跟人類居民一樣過度擁擠。都市貓的領土縮小到只有其鄉下表親住家範圍的一小部分。例如，有人曾經估計過，住在倫敦的貓每一隻只能享用約五分之一英畝（八百平方公尺）的空間。住在飼主家裡嬌生慣養的寵物貓領土侷限更大，視與房子連接的花園大小而定。記載中的最大密度是每五十分之一英畝（八十平方公尺）一隻貓。

　　貓領土大小的差異程度，正說明了貓的適應力有多高。貓跟人一樣，可以隨著住家範圍大幅縮減而調整，而且沒有太多痛苦。在擁擠空間中生活的貓，其社交生活並未變得混亂殘暴，這就證明了貓的社會容忍性。人們經常談到狗善於交際，同時強調貓更加獨立又孤僻許多。不過，貓可能是出於選擇而這樣做，假如挑戰跟其他貓摩肩接踵一起生活，牠應付起來也會相當游刃有餘。

　　能這樣高密度生活，可分成幾個方面來說。其中最重要的因素是其飼主的食物供應；這可讓貓不必每天漫長地狩獵。也許這並不能免除動身去狩獵的慾望（每天都吃飽的貓仍然是會狩獵的貓），但的確

減少了因胃部空虛而生的狩獵決心。如果貓發現自己侵入了鄰居的領土，牠可以放棄狩獵也不會挨餓。如果將狩獵活動限制在自己擁擠的住家範圍內，會讓牠變成沒有效率的獵人，貓也許會因而沮喪受挫，卻並不會飢餓和死亡。已經有人證明了，飼主提供給貓的食物愈多，牠的都市領土就變得愈小。

另一個對貓有幫助的因素，是人類飼主劃分自己領土的方式：使用柵欄、籬笆和牆壁來區隔花園的界線。這些設施是可輕易辨識及防禦的天然界線。此外，貓領土之間在容許程度之下可以重疊。母貓常常擁有一些特殊區域，其中有些住家範圍會重疊，還有可在其中碰頭的中立領域。公貓的領土約是母貓領土的十倍大，不論擁擠程度大小皆如此，而且公貓領土有更多的重疊現象。每隻公貓閒逛的領土會和好幾個母貓領土重疊，這可讓他固定檢查，在特殊時間是否有哪一位特別的皇后（母貓）正在發情。

上述領土重疊是容許的，因為當貓在自己土地的地標巡邏時，通常可以避開彼此。萬一不小心有兩隻貓碰巧相遇，牠們也許會互相威嚇，也許只是避開，按順序等候造訪領土中的特殊區域。

寵物貓的數量無疑是由其飼主控制，控制方法包括成貓結紮、銷毀不要的整窩仔貓，以及賣掉或送養多餘的幼貓。在後代必然會出生的情況下存活的野貓，其領土又是如何安排？有一個針對大型港口碼頭貓所做的詳細研究顯示，在二一〇英畝（〇‧八四平方公里）的範圍內有九十五隻貓。牠們每年會生出約四百隻幼貓。這是很高的數字，約相當於每隻母貓生十隻；每隻母貓平均一定要生兩胎。理論上來說，這意味著每年貓口將增加五倍。但事實上研究發現，貓口每年都維持穩定。那些貓針對自己居住的野生碼頭世界，已經建立出合適的領土大小，然後加以維持。嚴密的調查發現，八隻幼貓中只有一隻存活，長成成貓。每年貓口增加的五十隻貓，與五十隻老貓死亡取得平衡。此區域的主要死因與大多數都會貓族群的死因一樣，都是致命的交通意外。

貓有多愛交際？

　　人們經常把貓描繪成孤立又自私的動物，獨來獨往，如果跟其他貓一起出現，一定是為了打架或交配。在野外生存而擁有很大空間的貓，相當程度的確符合前述的描寫，但是當空間愈來愈擁擠時，貓也能改變社交方式。居住在都市、城鎮及人類飼主家中的貓，其社交程度既非凡又出人意料之外。

　　對這一點存疑的人務必記住：對寵物貓而言，我們人類算是巨型貓。牠願意與人類家人分享住家，本質上就證明了貓的社交靈活性。不過這並非全然。貓在許多方面都表現出合作、互助及寬容。這在母貓生了幼貓時特別明顯。人們已經知道，其他母貓會擔任助產士，協助咬斷臍帶並清理新生仔貓。然後，牠們可能會提供保姆服務，帶食物給剛生完的媽媽，有時也會餵別窩幼貓，就像餵自己的幼貓一樣。

就算是公貓，有時也會展現一點父愛，清理幼貓並陪牠們玩耍。

　　這些行為並非日常活動，但儘管不常發生，仍舊顯示貓在特定情況下，能夠做到出乎我們預期的無私行為。

　　領土行為也需要某種程度的克制和分享。貓會盡量避開彼此，而且經常會在不同時間使用同一個領土範圍，以減少衝突。此外，有些特殊的無貓擁有土地可能演變成社交「俱樂部」。這些土地屬於自然環境一部分，基於某些理由，貓在這些土地上會宣布全體停戰並聚在一起，也不會有太多打架狀況。這情況對都市流浪貓很平常，有些地方可能還會變成特殊的餵食場所。如果人類在那些地方丟食物，牠們會很和平地聚在一起，分享食物。在這些貓的「家庭式」區域中，貓會以難以想像的方式容忍彼此密切地親近。

　　有鑑於上述這些事實，有些專家進一步指出，貓事實上是群居動物，而且牠的社會比狗的社會更互助合作；然而，這是不切實際的誇大說法。事實是，就社交生活而言，貓是機會主義者：要不要社交生活都無所謂。另一方面，狗卻不能沒有社交。獨居的狗很可悲。而獨居的貓，要說有什麼區別的話，則會因為落個清靜而鬆一口氣。

　　如果事實是如此，那我們如何解釋上述的互助例子？其中部分原因是因為我們已經把家貓變成長得過大的幼貓了。因為我們持續餵養和照料，將牠的幼年特性延長到成年。就如同小飛俠彼得潘，即使生理上已經是成熟的成貓，但牠的心智永遠不會長大。幼貓很愛跟同一窩兄弟姊妹及母親玩耍，彼此也很友好，因此牠們已經習慣小團體行動。這樣的特性會加到未來的成貓活動，減少牠們之間競爭，也比較不會獨居。第二點，都市流浪貓的空間很小，因此會讓自己適應已縮小的領土；這是出於必要，而非偏好。

　　有些動物只能在緊密結合的社群中生活，有些則只能忍受完全孤立。貓的靈活性意味著兩種生活方式都可以接受；這也正是貓自數千年前最初被馴養之後，能夠長期延續下去的主要因素。

40
為什麼我們會說「他讓貓跑出了袋子」？

　　「他讓貓跑出了袋子」（he let the cat out of the bag）這個片語的意思是「他洩漏了秘密」，其起源可追溯到十八世紀，指的是市集日的騙局。當時，人們常把小豬放在小袋子裡帶到市場。騙徒則是在袋子裡放貓，假裝是豬。如果買家堅持要看，他會說這豬精力太充沛，不敢冒險打開袋子，怕會逃跑。如果貓掙扎太厲害，導致騙徒讓貓跑出了袋子，他的秘密就穿幫了。另外，這種袋子有一個常用名稱叫poke，因此有另一個說法是「千萬別買裝在袋子裡的豬」（never buy a pig in a poke）。

41

貓的耳朵會發出什麼訊號？

　　貓跟人類不一樣，牠擁有表達能力很好的耳朵。貓耳朵不僅在聽到不同來源的聲響時會改變方向，也會擺出特殊姿勢來反映情緒。

　　貓的耳朵有五種基本訊號，這些訊號與下列情緒有關：放鬆、警戒、激動、防禦、挑釁。

　　貓在放鬆時，耳孔會朝前方並稍稍向外，因為牠正安靜地聆聽廣大範圍的有趣聲響。

　　休息中的貓振作起來專注在四周某個興奮的小細節時，耳朵位置會變成「警戒模式」。當牠凝視著興趣點時，耳朵會整個豎直並旋轉，讓耳孔直接朝向前方。只要貓還維持著向前凝視的姿勢，耳朵就會以這個方式一直維持豎直。只有旁邊突然有噪音時，耳朵姿勢才會改變，此時，牠會允許耳朵短暫轉向那個方向，但不會改變凝視的目光。

　　貓在激動時，耳朵經常會神經質地抽搐。對某些野貓品種來說，因為演化出長長的耳朵叢毛，而使得這個反應相當引人注目。但是家貓沒有這項演化，耳朵抽搐的動作也比較少見。不過有些品種的確出現輕微的叢毛，尤其是阿比西尼亞貓，牠的耳朵上有一個小小的深色毛點。但相較於波斯野貓（Caracal Lynx）之類品種的巨大耳朵叢毛，阿比西尼亞貓的耳朵毛點算是非常有節制的演化結果。

　　防禦中的貓耳朵會整個壓平，緊緊壓在頭上，以便打架時可以保護耳朵。當爪子伸出來戰鬥時，必須盡可能將在解剖學上很脆弱的

耳朵隱藏起來；打架的公貓遭到撕裂和扯破的耳朵就是血淋淋的證明。把耳朵平壓在頭兩側，從貓的前方看時會幾乎看不見，而且也讓貓的頭部輪廓更圓。有一種怪異的貓品種叫蘇格蘭折耳貓（Scottish Fold），擁有永遠壓平的耳朵，讓牠不管真實心情為何，看起來好像都在防禦。這個情況對牠的社交生活會有何影響，實在難以想像。

不是因特殊事物驚嚇而充滿敵意與挑釁的貓，其耳朵有特殊的姿勢。此時的耳朵會旋轉，但不是完全壓平，從前面可以看得到耳朵後方；這是所有貓都能傳達的最危險耳朵訊號。這個耳朵姿勢原本是介於警戒和防禦中間，換句話說，就是介於耳朵向前豎直和向後壓平的半途。事實上，這是一個「準備惹麻煩」的姿勢。這隻動物正在說：「我準備好要攻擊了，但你還不夠把我嚇到壓平耳朵來防禦自己。」為什麼這樣會把耳朵後方露出來？因為耳朵必須先向後轉，才能整個壓平。因此，旋轉到一半的耳朵是處於「準備壓平」的姿勢，萬一對手膽敢回敬挑釁，那就壓平出手了。

在一些野生貓科動物中，耳朵的挑釁姿勢形成很引人注目的耳朵標記，尤其是老虎，牠們的每隻耳朵後面都有一個大大的白點，外面圍著一圈黑色。當老虎生氣時，沒有人會懷疑牠是不是真的生氣，因為那對鮮明的白點會轉進視線內。不過，家貓並沒有這些特殊標記。

貓為什麼搖尾巴？

　　許多人猜想，如果貓搖尾巴，那牠一定在生氣；但這只說對了一部分。真正的解答是，貓正處於衝突狀態。也就是說，牠想同時做兩件事，但這兩個念頭又彼此妨礙。譬如說，貓晚上哭喊著要出去，結果門打開發現外頭正下著傾盆大雨，這時貓的尾巴可能會開始擺動。如果貓衝進夜色，以挑戰姿態站在雨中一會兒，全身濕透了，此時尾巴會搖得更猛烈。接著貓要下決定，看是要衝回舒適的家裡避雨，還是要不顧天氣影響，大膽展開領土巡邏之行。不論選擇哪一樣，只要解決了衝突，貓的尾巴就會立即停止搖動。

　　在上述情況中，把那種心情描述成憤怒並不恰當。憤怒蘊含著攻擊慾望受挫，但在暴風雨中的貓並沒有攻擊性。在那當下，受挫的是探索的慾望，接著也會摧毀貓亟欲保持自己舒適乾爽的強烈慾望。當兩個慾望強度一樣時，貓會進退兩難，不過時間並不長。當貓陷入一次有兩個方向的狀況時，牠會站著動也不動，並搖起尾巴。任何兩個相對的慾望都會造成同樣的反應，而且只有當其中一個是攻擊慾望（因恐懼或其他分量相當的情緒而受挫）時，我們才可以說，那隻貓搖尾巴是因為生氣了。

　　如果貓搖尾巴表示激烈的衝突狀態，這樣的動作源自何處？若要瞭解這一點，可以看一下站在狹窄邊緣企圖保持平衡的貓。當貓覺得快要跌倒時，尾巴會迅速擺向另一邊，充當平衡器官。如果把貓放在你的膝蓋上，然後稍稍向左傾斜，接著向右傾斜，輪流做這兩個動

作，你會發現貓的尾巴有節奏地左右搖動，就像用慢動作擺動尾巴。這就是當情緒衝突開始時，貓會搖尾巴的緣由。當兩個彼此較勁的慾望讓貓陷入兩難，尾巴的反應就彷彿牠的身體先是倒向一邊，接著又倒向另一邊。在演化過程中，尾巴左右揮動的動作成了貓肢體語言中很有用的訊號，而且揮動速度加快許多，使其更明顯也更容易迅速察覺。如今，情緒衝突的搖尾巴動作比尾巴原本的平衡動作快上許多，也更有節奏，讓人可以一眼就輕易看出貓所遭遇的衝突是情緒上的，不是純物理上的。

為什麼貓被關在門外時會一直呼叫，
進門後又照樣叫？

　　貓痛恨門，在貓科動物演化史中，從來就沒有門的立足之地。門時常阻礙了貓的巡邏活動，讓牠無法隨心所欲探索自己的住家範圍，也無法自由自在回到牠主要的安全基地。貓必須簡單巡邏一下自己的領土，瞭解鄰近地區其他貓的活動，然後帶著所有的必要資訊回家；人類經常不瞭解貓這項需求。貓喜歡在密集的時間間隔內巡視，除非當地貓口狀況有特殊及意外變動，否則並不想長時間待在戶外。

　　對於寵物貓而言，這就形成了顯而易見的乖僻。牠在室內時就想往外跑，在室外時又想進來。如果飼主沒有在住家後門上裝寵物門，貓就會定時引起飼主注意，協助牠完成週期性的領土監管。不斷查看外面世界很重要，部分原因是因為氣味標記的計時鐘訊息系統。每當貓在其領土內的地標上磨蹭或在上面撒尿，就會留下個人氣味，這個氣味會馬上開始漸漸失去效力。此氣味衰減的速度很穩定，可讓貓用來判斷留下氣味的貓是多久以前磨蹭或撒尿。貓之所以反覆再三地出訪視察其領土，其動機就是需要重新啟動漸漸變淡的氣味訊號。一旦這項工作完成，牠又再度需要舒適和安全，因此焦慮的貓臉再一次出現在窗戶外。

44

貓有沒有超感知覺？

　　許多人相信貓具有某種超感知覺（ESP），其實貓沒有。將令人費解的事物解釋成某種超自然力量已蔚為流行，但這只是尋求心安的捷徑罷了。科學上的真相往往更迷人，但是如果只是將所有不尋常事件都丟到「神祕力量」的垃圾桶中，就會扼殺了研究精神。

　　首先，「超感知覺」在字面上自我矛盾。根據定義，我們所感覺到的所有事物都是透過任一種感覺器官而產生作用。所以，如果有任何事物在感官外，就無法知覺，因而所謂「超感知覺」也就不存在。

　　貓做出非常怪異的行徑時，譬如跋涉千山萬水找到回家的路、預測地震，或在飼主快到家時就感覺到飼主回來了等等，是運用哪一種特定感覺，這對我們而言是一大挑戰。把這樣的技藝歸因於「超感知覺」很乏味無趣，因為那只是阻止了更進一步的探索。當我們簡化說貓有魔力時，就沒有更深入的解答了。但是更富有啟發性的看法是，只要我們能夠找到行為機制的運作方式，貓（或有同樣表現的人）所做的事情，就可以獲得合理解釋。

　　如果我們發現，在貓身上黏個磁鐵會擾亂牠找到回家之路的能力，代表我們已經開始瞭解（雖然還很模糊）動物經過漫長時間演化出來的驚人歸航能力。如果我們發現，貓對於非常微小的振動或環境中的靜電改變很敏感，代表我們可以瞭解貓如何預測地震。而且，如果我們進一步瞭解貓對超音波的敏銳感覺，我們最後可以理解牠如何從遙遠距離「知道」某人正在接近。

　　這並不表示我們能夠解釋貓的所有行為；也許得等到擁有更先進的技術才有辦法。但是，貓的所有行為最終都能獲得解釋，而且「神祕」的貓將不再神祕。如果未來能做到這一點，屆時由於我們對貓的能力已經知之甚詳，貓將比過去更迷人。對事物提出解釋，並不是隨便找個理由搪塞；瞭解某件事物，也不是去低估其價值。

　　對於這些，著迷於超感知覺的人會反駁，有些貓擁有一項技藝，這項技藝必須以飼主與迷路貓之間存在著心電感應為前提。這就是所謂的「通靈尾隨」（psychic trailing）現象，當某隻貓被主人遺留下來，牠能夠尾隨主人去到「新」家。在許多案例中，飼主真的相信他的寵物貓藉著某種神祕方式跟蹤到距離舊家好幾百英里的新家。他的貓從未在新家附近生活過，也對新地點不熟悉。貓卻再次出現，對著驚愕的飼主喵喵叫；有時是在貓意外被遺留在舊家長達兩年後才出現。超感知覺狂熱者會說：你解釋這個，解釋得出來我們就撤回說法。

　　如果上述事蹟是真的，那就是很了不起的心電感應現象，可惜的是，事情總有比較簡單的解釋。全世界到處都有走失的貓，其中許多都還滿懷希望搜尋著新家。只要家裡沒有養貓，走失的貓遲早都可能會來造訪。而貓的毛色就只有這麼多種變化，如果以前家裡養的是虎斑貓，或是胸前有一撮白毛的黑貓，當飼主看到這樣的貓而以為是好久以前走失的貓終於找到路回家時，實在不應予以苛責。假如這解釋聽起來有點嘲諷意味，要做一個簡單實驗並不難。把一隻貓放在一個特殊的圓形房間裡，四周是許多通道和門。每個通道底的門後都有人，看看貓是否會走向躲著主人的那扇門，而忽略陌生人的門。做完這樣的嚴格實驗，期待心電感應的結果就破滅了。所以，熱衷超感知覺的人通常會逃避這些簡單測試，寧可浪漫地認為，貓在我們身邊仍保有神祕的貓魔力。

45

為什麼貓要發出嘶嘶聲？

　　貓發出的嘶嘶聲和蛇的嘶嘶聲非常相似，這很可能不是偶然。有人聲稱，貓類嘶嘶聲正是保護性擬態（protective mimicry）的實例。換句話說，貓模擬蛇的聲音是讓敵人以為牠也有毒，也很危險。

　　嘶嘶聲的音質當然非常相似。不論是面對狗或其他掠食動物，受到威脅的貓發出的聲音，幾乎跟相同情況下憤怒的蛇發出的聲音一樣。掠食動物有很好的理由對毒蛇保持高度敬畏，而且經常會暫停夠久的時間讓蛇逃跑；這樣的猶豫不決通常是天生反應。攻擊者不需要學習避開蛇。就這方面而言，學習並沒有多大用處，因為第一次上課可能也是最後一堂課了。如果受困末路的貓能夠引起攻擊者對蛇的本能恐懼，藉以造成攻擊者警戒，顯然會有很大的優勢；這很可能就是貓類嘶嘶聲如何演化出來的真正解釋。

　　有一個事實支持這個看法，那就是貓常常在嘶嘶聲中加入噴口水的動作。蛇受到威脅做的另一個反應正是噴口水。此外，陷入絕境的貓可能會以特殊的方式抽動或揮打自己的尾巴，此動作讓人聯想到蛇激勵自己攻擊或逃跑。

　　最後，有人指出，與野生品種或貓祖先具有相同斑紋的虎斑貓，在樹樁或岩石上緊緊蜷曲起來躺著睡覺時，其天然毛色和圓圓的形狀看起來就像是一條盤繞成圈的蛇。早在十九世紀時就有人提出，虎斑貓身上的斑紋樣式並不是直接、單純的保護色，而是模擬蛇的偽裝斑紋。由於這樣的相似性，像老鷹之類的殺手看到睡覺的貓時，可能會在下手攻擊之前三思。

貓怎麼打架？

在野生狀態下，貓打架很罕見，因為野外空間很大。但是在比較擁擠的都會和近郊地區，貓的領土擠壓在一起，而且常常重疊，這表示會發生許多爭吵和嚴重的肢體衝突；彼此競爭的公貓尤其如此。有時，搏鬥受的傷甚至可能導致死亡。

發動攻擊的貓的主要目標，是要對敵人施展致命的咬脖子攻擊，使用的是跟殺死獵物大致相同的技巧。由於對手的體型和力量跟自己差不多，因此幾乎無法施展必殺咬技。更確切地說，怯懦膽小的對手在一定程度上一定會自衛，因此咬脖子攻擊幾乎無法成功。

此處有一個重點要記住，即使是最凶猛、地位最高的貓，當牠展開攻擊時，也會害怕驚恐下位者的「最後掙扎」。被逼到走投無路時，弱者也會盡力一搏，用尖爪猛力攻擊，而且有可能會使地位較高的貓受傷；這個傷害對牠日後能否成功狩獵，甚至能否存活，都可能造成嚴重威脅。因此，就算是徹頭徹尾的攻擊者，在肉搏戰的最後關頭，攻擊行動也會混雜著恐懼。

典型的貓打架順序如下：地位較高的貓看到對手，然後靠近，擺出非常特有的威脅姿勢，牠會把腳完全伸直，高高地走著，讓自己突然變得比平常高大；將背上的毛豎直也會加強效果。由於鬃毛的方向是朝著臀部方向，因此背上的線條會朝尾端斜斜向上。這使得發動攻擊的貓的外型輪廓正好與較弱對手蹲伏的姿勢相反；後者的臀部維持低伏在地面上。

攻擊者會將耳朵背面朝前,並發出大量的哀叫、咆哮和咯咯叫,緩慢向前移動,觀察畏畏縮縮的對手是否有突發的動作。牠發出的聲音帶有驚人的敵意;這麼充滿侵略性的聲音為什麼會被誤稱為公貓唱「情歌」,實在令人費解。我們只能懷疑,也許賦予這名稱的人正處於愛情生活中。不用說,那個聲音跟真正的貓求偶一點關係也沒有。

發動攻擊的貓非常靠近對手時,會做出怪異但相當獨特的扭頭動作。在大約三英尺遠的距離時,牠會稍微抬起頭,然後歪向一邊,眼睛隨時注視著敵手雙眼。然後,攻擊者慢慢向前跨一步,頭歪向另一邊。這個動作會重複好幾次,看起來咬脖子的威脅即將出現;將頭扭到咬脖子位置的動作,差不多是在表達「這就是你的下場」。換言之,攻擊者表現出來的是典型貓類攻擊的「意圖動作」(intention movement)。

如果兩隻地位平等的貓相遇,而且彼此威脅,接下來可能會陷入一段長時間的僵局。兩隻貓會以一模一樣、充滿敵意的方式緩慢接近,就像照鏡子似的。當牠們愈靠近時,動作會愈來愈慢也愈簡短,直到雙方都凝結在長時間的僵持狀態為止;僵持狀態可能長達數分鐘之久。此期間,牠們會繼續發出嚎叫聲和嗚咽聲,但雙方都不準備投降。最後,牠們可能會以極慢的動作分開。如果加快速度離開,那就意味著承認自己軟弱,也可能導致對手突然攻擊,因此,牠們必須以幾乎難以察覺的動作撤退,以便保住自己的地位。

萬一這種威脅與反威脅的僵局瓦解,淪為惡鬥,其開頭一定是其中一隻貓發動咬脖子的撲擊。這樣的攻擊出現時,另一隻會立刻扭轉身體,用爪子自衛,同時揮出前腳猛力攻擊,以前爪緊抓著對手,然後用強有力的後腿狂暴猛踢。這個時刻就是名符其實的「漫天毛髮」⑤,而且,當兩隻貓四處翻滾、扭打、互咬、猛抓和狂踢時,咆哮聲會瞬

⑤ 原文為fur fly,意思是騷亂,但字面意思即為漫天毛髮。

123

間轉變成嚎叫和尖叫。

　　這個階段並不會持續很久，因為太激烈了。很快地，兩隻貓會分開，恢復威脅姿態，彼此互瞪，並再次嘶啞咆哮。接著又一次發動攻擊，也許會重複攻擊好幾次，直到其中一隻終於放棄，維持躺在地上的姿勢，而且耳朵整個壓平。此刻，戰勝者又會做出一個相當獨特的動作。牠會轉成與輸家呈直角方向，開始極度專注地嗅著地面；彷彿在這關鍵時刻，地上突然出現無法抗拒的香味。由於這個動作是所有打架的固定特色，因此才得以分辨，否則那貓嗅聞味道的專注神情，簡直就跟正常的檢查氣味動作沒兩樣。不過在當下，這只是個儀式，贏家透露訊號給蜷縮的對手，說牠接受了牠的臣服和投降，而且戰鬥已經結束。在這個儀式性的嗅聞動作之後，贏家就慢慢從容離開，然後過一會兒，戰敗的貓才溜到安全的地方。

　　並非所有的打鬥都像上述那麼激烈。較輕微的打架可以透過「爪子戰」解決；在爪子戰中，雙方伸長爪子互相揮擊。用這個方式揮打對手的頭，可能可以解決爭端，而不需訴諸上述的完整致命戰鬥和自由搏擊。

為什麼貓看到陌生的狗會拱起背？

如果貓在大型狗面前感到受威脅時，牠會把腳完全伸直，將自己奮力往上拉，同時拱起背，成一個倒U字形。這個模樣的功用很明顯是讓貓盡可能看起來很大隻，讓狗以為牠遭遇到嚇人的對手。為了瞭解這個模樣的起源，我們必須看一下貓在彼此威脅時會發生什麼事。如果有一隻貓對另一隻貓帶有很強的敵意，而且感到有點害怕的話，牠接近對方時腳會僵硬伸直，而背是平直的。如果對手非常恐懼，而且感覺沒有敵意，那麼牠會拱起背並蹲低在地上。在狗接近貓的情形中，雙方都有強烈的攻擊性以及強烈的恐懼；讓貓做出上述特殊行

為，正是這種衝突的雙重情緒。貓借用了其憤怒反應中最醒目的元素：僵直的腳，以及恐懼反映中最醒目的元素：拱起的背，兩者結合在一起，成為「變大隻的貓」。如果牠借用的是憤怒和恐懼的另一個元素：平直的背和蹲低在地，就完全不會給對手留下深刻印象。

除了腳伸直和背拱起以外，貓還會將毛豎直，並且側著身子面向狗，這也有助於貓的「變形模樣」。這四個元素加在一起，就是讓貓體型變得最大的混合模樣。即使貓稍微撤退，或向狗逼近時，仍會小心維持著側身姿勢，在狗的面前將身體展開，就像鬥牛士的斗篷。

在貓拱起背的期間，牠也可能凶惡地發出嘶嘶聲，像蛇一樣，不過如果牠冒險展開攻擊，嘶嘶聲就會變成咆哮。然後，當牠真的對狗猛烈攻擊時，還會加上「噴口水」的暴躁表現。有經驗的貓很快就學會，面對不懷好意的狗時，最佳策略是展開攻擊而非逃跑；如果那隻狗的重量是貓的數倍重，這麼做需要一些膽量。然而，如果不選擇「趨前攻擊」而選擇另一個，風險就高很多，因為一旦貓逃跑，就會引發狗的狩獵慾望。對狗而言，「逃跑的東西」只代表一件事：食物，而且一旦狗的狩獵情緒被挑起，便很難轉變。即便逃跑的貓停下來表現出勇敢的態度，不管有沒有拱起背，仍舊希望渺茫，因為狗已經殺紅了眼，會直截了當地痛下殺手。如果貓在碰到狗的第一時間馬上抵抗，牠會有很好的機會擊敗眼前較大型的動物；因為藉著攻擊，貓發出的是跟「獵物訊號」毫無關係的訊號。當尖銳的爪子揮擊到狗的敏感鼻子，狗很可能接著會很有尊嚴地撤退，聽任那隻嘶嘶叫的暴怒動物想幹嘛就幹嘛。所以囉，如果事情跟狗有關，愈大膽的貓就愈安全。

48

貓尾巴可以發出多少種訊號？

　　除了貓在衝突狀態中常見的搖尾巴動作外，還有其他的尾巴訊號，表示寵物貓在忙自己的事時的情緒改變。每一種尾巴動作或姿勢都在告訴我們（或其他貓）牠的情緒狀態，而且我們可以擬出一份「解碼金鑰」，如下所示：

尾巴輕輕往下彎，然後再次往上彎到末端

　　放鬆狀態的貓，與世界和平共處。

尾巴稍微舉起並輕輕彎曲

　　貓開始對某事物感興趣。

尾巴保持豎直但末端歪一邊

　　貓表現出濃厚興趣，而且處於友善、問候的情緒，但有一點保留。

尾巴完全豎直且末端僵硬垂直

　　熱情的問候表現，且毫無保留。在成貓身上，這個姿勢是從幼貓問候母貓的動作「借來的」。幼貓的訊號是請求母親檢查其臀部，因此，這個表現有從屬關係的元素，正如大多數的問候儀式。

尾巴完全放下，甚至夾到兩隻後腿之間

戰敗或完全服從的貓強調其社會地位較低的訊號。

尾巴放下且毛很蓬鬆

貓表明牠正處於恐懼中。

尾巴猛烈左右揮動

搖尾巴的衝突訊號，也是最憤怒的版本。如果尾巴非常有力地左右搖動，通常表示貓即將展開攻擊（如果牠可以鼓起最後一丁點的攻擊情緒）。

尾巴靜止不動，但末端抽動

搖尾巴動作的變體，表示中等程度的惱怒。但如果末端抽動愈來愈有力，那就代表火爆的爪子可能快要揮出來了。

尾巴維持豎直，整條尾巴顫抖

通常在飼主向貓打招呼之後，貓尾巴會出現溫和的顫抖。這個動作跟貓在戶外撒完尿後的動作一樣，只不過在現在這個狀況中並沒有撒尿。我們並不清楚這個動作是否會排出極少量的無形氣味，不過這個姿勢似乎具有友善的「身分識別」意涵，彷彿貓在說「是，這就是我！」

尾巴維持在一側

母貓發情時，與性有關的邀請訊號。當她準備好接受公貓來交配時，會將尾巴明顯移到一側。公貓看到時，就知道可以騎上去，而且不會受到攻擊。

尾巴維持平直，而且整個毛髮倒豎

貓的攻擊訊號。

尾巴拱起來，而且毛髮倒豎

貓的防禦訊號，但如果被進一步挑釁，則可能發動攻擊。倒豎的毛髮讓貓看起來更大隻，這是一種「變形模樣」。如果防禦的貓夠幸運，有可能會嚇跑敵人。

貓如何求偶？

　　貓花相當多的時間在準備交配，而且牠們「狂歡」和雜交的時間特別長，因而數世紀以來得到淫亂和縱慾的名聲。這並不是因為交配行為的時間很長，或形式上特別好色。事實上，整個交配過程很少超過十秒鐘，而且往往還更短。貓背負淫亂名聲，是因為牠們與性有關的集會表面上很像飛車黨「地獄天使」⑥多男一女的情況。在那場合中，母貓一會兒對著公貓噴口水、咒罵並揮打，緊接著又在地上四處扭動。她四周圍著一群公貓，當牠們（顯然是）輪流強暴母貓的同時，全都互相咆哮、哀叫、狂噪。

　　實情有點不同。誠然，整個過程可能需要數小時，甚至好幾天不停的性行為，但真正負責掌控全場情況的是母貓。

　　整個過程的開端，是母貓開始發情並開始呼喚公貓。公貓也回應她特殊的性氣味，從四面八方而來。當母貓選擇在某一隻公貓的領土裡展現性魅力時，那隻公貓就是母貓一開始最偏愛的，從鄰近領土到來的其他公貓在侵入其地盤時都會恐懼。但是牠們難以抗拒發情中的母貓，因此願意甘冒風險。這個情況會導致大量公貓爭吵（並造成許多噪音；這就是為什麼貓嚎叫〔caterwaul〕和哀叫〔howl〕會被錯認為是貓叫春，事實上，這些聲音全然具有攻擊性）。不過，所有公貓的

---

⑥ 地獄天使（Hell's Angels）是指的是一九四八年於美國加州成立的哈雷機車俱樂部，因涉入不少暴力、非法事件而惡名昭彰。

關注焦點是母貓，這有助於抑制公貓之間的爭鬥，並容許公貓圍著她形成一個圓形集會。

　　她對著他們發出呼嚕聲與呻吟，並在地上打滾、磨蹭自己又扭動不已，吸引公貓的雙眼緊盯著她。最後，其中一隻公貓，可能是領土擁有者，會開始接近她，並靠近她坐下。他很痛苦，因為母貓會用銳利的前爪奮力攻擊。她對著他噴口水、咆哮，接著他會撤退。任何一隻太快接近母貓的公貓都會被這個方式叱退。在那個情況中，母貓是主宰，而且最終哪一隻公貓可以更親密地接近，選擇權也在母貓身上。成功接近的公貓有可能是當下居支配地位的公貓，但也可能不是；這全由母貓決定。不過公貓有些策略確實有助於成功達陣。最重要的一個策略是，只有在母貓看向其他方向時才趨前靠近。一旦母貓轉向他的方向，公貓立刻定住不動；就像小孩子聚會裡玩的「一二三木頭人」遊戲。母貓只有在看到實際向前移動時才會攻擊；如果看到凝結不動的身體如魔法般莫名其妙靠近，則不會攻擊。有技巧的公貓會用這個方式靠得很近。他會對母貓發出怪異且小聲的吱喳聲，然後，如果母貓不再對他噴口水和嘶嘶叫，他最後就會冒險展開「目視進場」。開始時，他會用爪子抓著母貓的頸背，然後小心翼翼地騎上她。如果母貓已準備好交配，她會把自己身體的前半部放平，臀部翹高，並將尾巴扭到一側。這個姿勢稱為「脊椎前凸」（lordosis），同時也在對公貓做最後的邀請，允許他交配。

　　隨著時間流逝，「狂歡」的風格改變了。公貓們逐漸滿足，對母貓的興趣也愈來愈少。另一方面，母貓變得愈來愈放蕩。當母貓以相對短的間隔奮力輪流對付公貓（也許花了好幾天時間），或許有人會認為她應該也滿足了吧，但實則不然。只要母貓的發情高峰期一直持續，她就會想交配。現在變成公貓需要鼓勵了。母貓不再玩那套「高不可攀」的把戲，而是必須努力挑起公貓的興趣，因此她會發出大量的呻吟聲，不斷磨蹭，尤其是在地上不停扭動。公貓仍舊圍在她四周

坐著看，偶爾得以振作起熱情再騎一次。最後，曲終人散，經過這樣
的大事，母貓要能沒懷孕回家的機會極其渺茫。

50

為什麼公貓在交配時會抓母貓的頸背？

　　乍看之下，這似乎是大男人的野蠻動作；很像卡通山頂洞人抓著配偶頭髮將她拖進山洞的調調。這實在大錯特錯。就貓的性事來說，居支配地位的是母貓，而非公貓；是母貓在揮擊、撲打公貓。公貓咬在母貓脖子上的樣子，看起來也許凶殘，事實上是公貓為了保護自己不受母貓進一步攻擊而孤注一擲的伎倆。這種保護方式有點特別。其動作並不是強力壓制母貓，讓她無法扭頭攻擊；母貓太強壯了，這個動作根本壓制不了。相反的，那是公貓施展的「行為詭計」。因為所有的貓（包括公貓和母貓）對於頸背被抓住會有特殊反應；這個反應可以追溯到幼貓時期。當母親以這個方法攫住幼貓時，幼貓會有自動反應。當母親必須將幼貓從危險位置移到安全地方時，就會使用這個方法。在這種時刻，幼貓不掙扎乃至關重要，因為牠稚嫩的生命可能正處於危急關頭。因此貓類已經演化出，當從頸背被攫起時會出現「凍結」反應；也就是，牠們必須保持靜止不掙扎。這很有助於母貓將一窩仔貓移到安全地點的艱難任務。小貓長大後，也不會完全喪失這個反應。你可以做個實驗證明，只要緊緊抓住成貓的脖子皮膚就知道了。牠會立即停止移動，而且在你緊抓著的時候，會維持固定不動一段時間，然後才開始焦躁不安。但如果你緊抓著牠身上其他部位，貓要是沒有立刻煩躁起來，也很快就會開始。這個「固定反應」（immobilization reaction）正是公貓對可能會很凶暴的母貓採用的詭計。由於母貓非常喜歡出爪子，所以雖然手段惡劣，但公貓還是需要。只

要公貓的牙齒咬住不放，母貓就很有可能無奈地變成「母親嘴下維持不動的幼貓」。如果沒有這個行為詭計，公貓大概會帶著更多的創傷回家。

為什麼公貓叫Tom？

這可以精確追溯到一七六〇年，當時有個無名氏寫的故事出版，叫做《貓的生活與冒險》（*The Life and Adventures of a Cat*）。書中有一隻ram cat，後來知道是隻公貓，牠的名字叫Tom the Cat。這本書廣受歡迎，不久之後，當有人想要指涉公貓時就不說ram而改用Tom。這個用法延續至今已經超過兩百年了。

52

為什麼母貓在交配過程會尖叫？

公貓做完簡短的交配動作（只持續了幾秒鐘）之後，母貓會扭過頭來攻擊，用爪子殘暴地揮打並對牠尖叫怒罵。當他抽出陰莖並從母貓身上下來時，必須敏捷地移動，否則母貓很可能會打傷牠。母貓此時之所以會對公貓有粗暴反應，原因很容易理解，只要你看過顯微鏡下的公貓陰莖照片就知道了。公貓的陰莖與其他許多哺乳動物的光滑陰莖不同，牠的器官上覆滿又短又尖的刺，全都朝著尖端相反的方向。這表示，陰莖可以很輕易地插入，但是當牠拔出時，會殘忍地刮過母貓的陰道壁。這會造成母貓一陣劇痛，也正是這個原因讓她憤怒尖叫。當然，造成傷害的公貓對此毫無選擇餘地。牠沒辦法調整自己的陰莖；就算想，也做不到。這些肉刺是固定的，再者，生殖力愈強的公貓刺愈大。因此，最性感的公貓對母貓造成的痛苦最大。

也許，這聽起來彷彿貓類在性方面演化出怪異的虐待受虐狂，但是其中卻有特殊的生物學原因。尚未懷孕的人類雌性，不論是否與雄性有交配行為，都會定期排卵。譬如，人類處女每個月都會排卵；但貓的情況就不同了。處女貓完全不會排卵，母貓只有在與公貓交配過後才會排卵；這需要花一些時間，大約是交配後二十五至三十小時後排卵，不過這無妨，因為熱烈的發情期至少會持續三天，因此當她排卵時，依然處於正在交配的階段。引發排卵的刺激，正是第一位求偶者拔出帶刺的陰莖時，母貓感受到的劇痛和震驚。這個猛烈的時刻類似開槍時的擊發動作，會讓母貓的生殖系統開始運作。

在某種程度上稱發情中的母貓為「受虐狂」並非全錯，因為，被第一隻公貓的陰莖弄痛之後約三十分鐘，她又會再次對性產生興趣，並準備好再次交配，然後再一次尖叫和揮打。如果想一下會有多少帶刺的陰莖讓她疼痛，就可以清楚瞭解，在性方面，的確有一種疼痛不會引起正常的負面反應。

母貓在餵小貓時，小貓如何避免爭吵？

　　小貓在剛出生幾天內，就已經與自己專屬乳頭形成緊密連結，牠可以輕易辨識出哪一個屬於自己的。這聽起來也許很驚奇，不過這是可能的，因為每一個乳頭都有其特殊氣味。我們之所以知道這一點，是因為如果人類飼主清洗過母貓腹部區域，就會洗掉其天然氣味，仔貓便找不到牠們喜愛的乳頭了。本來牠們都很和平地占用自己常用的位置，現在卻變得不知所措，而且會爭吵起來。

　　值得注意的是，在初生仔貓眼中的「簡單」世界裡，牠可以察覺到不同氣味的微妙差異，因此可以明確標明每個乳頭，就像學校儲物櫃上印有姓名的卡片一樣清楚。透過這個方式，就可以在餵奶時間有秩序地享用母乳。

母貓如何對待新生小貓？

　　九週孕期結束時，懷孕母貓會變得焦躁不安，四處尋找適合的洞或窩，以便在裡面分娩。她要尋找安靜、隱密且乾燥的地方。當她在家裡考察各種適合場所時，你會聽到櫥櫃及其他角落和裂縫傳出奇怪的聲響。她的食量原本愈來愈大，突然間，她完全不餓了，還會拒絕食物，這表示她即將臨盆，也許就在幾小時後。

　　有些貓在這個階段會痛恨干擾，太多關注會讓她心煩。但有些貓（通常是在家中沒有太多隱私的貓）則不論怎樣都不太介意。隨遇而安的貓會很合作地移到特別準備的生產箱，裡面有溫暖柔軟的墊子，萬一有需要，人類助產士也容易接近。有些貓則頑固地拒絕提供給她們的完美窩床，倔強地消失在鞋櫃或其他陰暗私密之地。

　　對一般貓而言，生產是一個很長的過程。假設一窩仔貓通常有五隻，再假設每一隻貓的出生延遲間隔是三十分鐘，那麼整個生產過程要持續兩個鐘頭，結束後，母貓和仔貓都累壞了。有些貓的生產過程相當快，約一分鐘一隻，但這相當罕見。還有些貓生產每隻仔貓之間的間隔長達一小時，不過這也不常見。一般來說，延遲間隔半個鐘頭都不算意外。因為這樣可以讓母貓在下一隻出生之前，有足夠的時間照顧剛生下的仔貓。

　　母貓對新生寶貝的照顧主要分成三個階段。首先，她會弄破包著仔貓呱呱墜地的羊膜囊。然後，她會特別花心思清理新生兒的鼻子和嘴巴，讓牠能夠呼吸第一口空氣。一旦這決定性的階段結束，她會開

始清理自己，咬斷臍帶並吃下肚，一直吃到距離仔貓肚子約一英寸的地方。她會留下一小截，那裡最後會乾掉並自己掉落。接著，她會吃掉胞衣（亦即胎盤），這可提供她寶貴的營養，在仔貓出生的第一天裡，協助她度過當下長達數小時的所有照護工作。吃掉胞衣之後，她會把仔貓整個舔一遍，好讓牠的毛乾燥，接著，她會休息一下。下一隻仔貓很快就要出來，整個過程又得重複一遍。如果一胎仔貓多到不尋常，到了快結束時，她累壞了，就可能會忽略最後一或兩隻仔貓，任其自生自滅。不過，令人驚訝的是，大多數母貓都是優秀的助產士，不需要人類飼主協助。

　　仔貓從生產的創傷恢復後，就會開始四處翻找，尋找乳頭。享用的第一餐至關重要，因為那一餐有助於仔貓對疾病免疫。在分泌營養濃郁的母乳之前，母貓會先提供淡淡的初乳（colostrum），裡面富含抗體，能夠避免嬰兒期疾病，讓仔貓在即將到來的生存奮鬥中占得優勢。初乳的蛋白質與礦物質含量很豐富，而且會持續分泌好幾天，母貓才會開始分泌正常的母乳。

母貓會餵別人的小貓嗎？

　　是的，母貓會。如果哺乳中的母貓有一窩數量正常的仔貓，也許可以加進一、兩隻孤兒仔貓，毫無困難。很可能只要將孤兒仔貓放靠近母貓的巢箱附近，仔貓哀怨地喵幾聲之後，母貓就會接受牠們了。母貓的母性本能非常強，無法拒絕孤兒仔貓的求救聲，很快就會靠近牠們，用嘴巴一隻一隻叼起來，放到她的窩裡。她會在窩裡舔舐仔貓，將自己的氣味留在牠們身上，然後允許牠們在自己的仔貓旁邊吸奶。

　　有些養殖者擔心這個方法可能無法百分百奏效，因此會提供小小的協助；協助工作會等母貓離開窩之後才進行。當母貓離開時，他們會抓著陌生仔貓輕輕摩擦帶有母貓氣味的墊子，然後將仔貓留在裡面，混在母貓自己的仔貓中。母貓回來時，很可能就是平靜地躺下，讓所有仔貓吸奶，也不會仔細檢查。母貓在計算小孩數量方面似乎能力不足，而且如果新來的仔貓已經沾滿了「家的氣味」，那就一切安然無恙了。

　　在聚集了大量母貓的養貓場中，觀察者發現，在裡面出生的仔貓經常會分配到不同母貓。這些團體生活的母貓展現了很大程度的社會容忍性，有時候會帶著所有幼貓住在大型的共有窩裡，而且把牠們堆成不斷蠕動的一大群。有一次，有六隻以上的母貓帶著十六隻仔貓建立了一個共有窩，每一隻母貓都允許其他母貓幫所有仔貓餵奶，只要牠們喜歡就好。在正常狀態下，如果只有一隻母貓，每一隻仔貓都是

自己個人乳頭的「擁有者」，每當哺乳時間一到，一定會回到同一個乳頭。但在前述的共有育兒窩中，仔貓會吸吮牠們碰到的第一個乳頭，不論是不是母貓腹部的熟悉位置，甚至不論是哪一隻母貓都一樣。由於母貓勞動分工，這種自由自在的安排能養育出強壯又健康的幼貓，而且精力旺盛。其中只有一個缺點，較弱小的仔貓有時會陷入幼貓的最底層，無法呼吸；過去就曾經有偶發的窒息傷亡記錄。不過，就其他方面來說，集體產婦之家的運作相當良好。

在野外，由於每隻成貓的領土很大，因此正常來說絕不會發生上述情況。一窩仔貓要遇到另一窩仔貓，或者一隻哺乳中的母貓要靠近其他母貓的窩，都是相當罕見。所以，對貓而言，幾乎沒有或根本沒有演化上的壓力，好讓貓演化出拒絕陌生仔貓的反應。因此在養貓場中，成年母貓因為過度擁擠早已相互容忍彼此存在，也就容易形成仔貓共有的狀態。

雖然對許多貓類而言，這種以利他精神照顧其他貓的仔貓並不常見，但是在極端擁擠的反常狀況下，也說明了一群野貓如何開始出現像獅群一樣的行為。確實，有人認為這正是獅群產生的原因：多年以前，非洲曠野上獵物豐沛，食物過剩，導致獅子數量反常地增加，加上上述的利他行為，獅群於焉產生。

小貓長大的速度有多快？

　　仔貓剛出生時既盲又聾，但是嗅覺很強。牠的觸覺也很敏銳，而且很快就會開始摸索媽媽的乳頭。在這個階段，牠的重量約介於二至四盎司（約五十七至一一四公克）之間，平均出生體重約為三點五盎司（約九十九公克），體長則約為五英寸（十二‧七公分）。

　　到了第四天，仔貓開始做出腳掌踩踏的動作，這動作有助於刺激母貓的出乳量。第一週結束時，牠的眼睛開始張開，而且此時的體重已經加倍了。滿月時，仔貓會出現互相玩耍的第一個跡象。牠們可以用更高的效率自行四處走動，也能夠坐直起來。不管日後眼睛是什麼顏色，所有仔貓在這個階段都是藍眼，而且會維持到約三個月大。牙齒在一個月大時也開始冒出來。

　　在大約三十二天大時，牠會第一次吃固體食物，不過直到兩個月大時才會斷奶（野貓哺乳的仔貓要更久才斷奶，大約是四個月大時）。在生命的第二個月期間，牠的活力愈來愈充沛，彼此玩耍的情形也更熱烈。住家裡的寵物幼貓到一個半月大時就會使用母親的貓砂盆。滿兩個月時，打架遊戲和狩獵遊戲會成為主要特點。

　　在生命的第三個月，牠會變得無所適從。因為母親不讓牠碰乳頭，現在必須完全靠著舔食盤子裡的固體食物和液體過活。不久後，牠的母親將會再次發情，再一次全神貫注在公貓身上。

　　在第五個月時，幼貓們開始用氣味標記自己的住家範圍。牠開始掉乳牙，並且以較少的玩耍心態探索興奮的新世界。此時，母親很可

能又懷孕了；除非人類飼主違反她的意願硬將她關在家裡。

　　到六個月時，小貓已經完全獨立，能夠狩獵並且照料自己。

同一窩小貓可不可能有好幾個爸爸？

　　是的，有可能，而且這種情況還有個名稱叫「同期複孕」（superfecundation）。稍微觀察一下貓的交配行為，就可以知道原因何在。母貓進入發情期時，她的呼叫及性氣味會吸引四面八方的公貓。他們會聚集在她周圍，並且相互爭吵，發出許多嚎叫聲。然後，其中一隻公貓會靠近母貓並交配。交配通常只需要約五秒鐘，公貓一進入母貓體內就會立即射精。然後，休息約莫二十分鐘之後，牠們會再度交配，這過程大概會重複七次；到了這階段，公貓通常已經心滿意足了。

　　有些母貓會與某一隻特定公貓發展出特殊情感，並拒絕其他追求者，因此會等待喜歡的公貓再次性興奮。不過，母貓也可能允許公貓一隻接一隻與她交配，直到所有愛慕者都被照顧到為止。這意味著，她的生殖道內會混合好幾個來源的精液，至於哪一隻公貓的精液會讓母貓排出的每一個卵子受精，幾乎只是機率問題。

　　結果就是，有時同一窩仔貓會出現多種花色。飼主會誤以為這是母貓和陌生「老公」交好時發生「遺傳多樣性」的結果。不過，仔貓之間的大幅差異，反而是母貓性濫交的產物。

　　這基本上是家貓才有的現象，因為野貓的領土太過遼闊，而且當野生母貓發情時，想要將一整群公貓聚集在同一地點的可能性微乎其微。同期複孕的現象最有可能發生在都會及城市貓身上，因為每隻貓的領土面積都縮小，而且發情母貓的氣味可以輕易被一整群不同的公

貓察覺。當公貓彼此接近時，要不是因為後續爆發了極端攻擊行為，同期複孕無疑會比正常狀況更常見，不過，有些公貓在附近有地位較高的公貓看著的時候，絕對不敢冒險交配。換言之，如果母貓並非飢渴如狼，同期複孕也很不常見。如果母貓與一隻公貓七次交配後已經滿足，她會棄其他公貓於不顧，自行回家去。不過在一般情況下，她會不肯回家，而是在地上扭動不已，引誘更多次的交配，直到發情期過去為止。此時，由於地位最高的公貓在性行為結束後已經精疲力竭，因此就算是地位最低的公貓，有些也會冒險快速交配。

還有一個現象比同期複孕更怪異，叫做「異期複孕」（superfetation）。母貓算得上是強力生殖機器，有些母貓即使已經懷孕，還是會發情。生殖行為中有一個基本規則：懷孕會壓制雌性的性生理。但是有些母貓會打破此黃金法則。如果身體中的孕激素含量低，在懷孕週期內約有十分之一的機率確實會發生另一次交配接受性（sexual receptivity）階段。貓的孕期為九週，而這額外的發情期通常出現在三週或六週之後。這會讓懷孕的母貓再次出去尋歡作樂，如果又再次交配，就會再次受精，然後懷著兩胎不同階段受孕的仔貓。

在這些情況下，兩窩仔貓會各自成長，後面那一窩會比前面那一窩晚三或六週出生。這會對準媽媽造成兩個問題。當她開始生較早那一窩時，分娩時的紛亂變動可能導致較晚那一窩也生出來。如果出現這個狀況，後面那一窩仔貓會早產，而且幾乎都會死亡。如果牠們得以堅守在子宮內，那麼三或六週後，牠們可能可以順利足月出生。而這又造成第二種問題：母貓無法供以足夠的乳頭和母乳。母貓若能應付全部或部分的額外負擔，就能為貓口成長帶來可觀的貢獻。

翻花繩遊戲的起源是什麼？

翻花繩（cat's cradle，英文原意為「貓搖籃」）是小孩子玩的一種遊戲，用一圈細繩來回纏繞在雙手的手指頭做出圖樣。第一個小孩做出圖樣時，將細繩傳到第二個小孩的手上，在過程中做出新圖樣。然後一圈細繩重複傳來傳去，每次都做出不同圖樣。這個遊戲做出來的「搖籃」正好是一隻貓的大小。

不過，為什麼要選貓做為這個遊戲的名稱呢？為什麼不是其他小動物？目前已經找到一個更古老也更令人滿意的解釋。

可能的解答是與東歐習俗有關。過去人們認為貓可以增加年輕新婚夫婦的懷孕機會。據推測，這個習俗的根據是因為人們觀察到，貓要生出數量龐大的後代幾乎易如反掌。在婚禮後一個月舉行的生育儀式中，貓扮演著特殊角色。一隻貓會關在搖籃裡，然後根據儀式，將搖籃拿到新人家中，當著新人面前來回搖動搖籃。他們認為，這樣可以確保年輕新娘早生貴子。

為什麼白貓是不稱職的母親？

　　因為她們常常聽不到幼貓呼叫，因而忽視了幼貓要求關注的哭聲。然而，這並非因為白貓是很笨或粗心的母親，而是因為她們有很大比例是聾貓，所以無法察覺孩子們的喵喵叫。

　　不過，並非所有白貓都是聾子，動物飼主應該做一些簡單的噪音測試，瞭解牠是否聽得見。藍眼白貓最有可能是聾子，而橘黃眼睛的白貓就比較可能聽得到。

　　在測試貓的聽力時，為了檢查反應，製造的噪音務必在貓的視線以外，這點很重要。同樣重要的是，不要以重踩或猛敲堅硬表面來製造噪音，因為這樣會產生振動，就算全聾的貓也可以透過腳底的靈敏肉墊察覺到。不過，如果在貓看不到也感覺不到的情況下，仍舊對你製造的大聲噪音有反應，你的白貓就是一隻聽得到的幸運貓了。

　　另一方面，如果白貓是聾的，你也愛莫能助。牠的耳蝸（內耳中形狀像蝸牛的重要器官）早在出生後數天就開始退化，而且這樣的退化完全無法復原。這個缺陷與遺傳有關，而且會傳給聾子母貓的白色仔貓。因此，重要的是盡可能不要繁殖這種貓。如此一來，聽得見的白貓會愈來愈常見，而且理論上，這個缺陷會在幾代之後徹底消失。

　　白毛與藍眼的特定組合似乎最為關鍵；在有怪異眼睛的貓身上，可以清楚瞭解這一點。有的白貓天生有一隻藍眼睛和一隻橘黃眼睛，在這種狀況下，測試顯示藍眼睛那一側的耳朵是聾的，而橘黃眼睛那一側的耳朵大多功能正常。這樣的貓在狩獵時可能會吃虧，因為牠對

聲音方向的感覺會很差,不過在其他方面,牠可以正常生活,而且也會是好母親。

聲子白貓的飼主表示,他們的寵物對於遺傳上的殘疾有很優異的補償能力。那些貓對聲音造成的微小振動特別靈敏,幾乎可以「透過腳聽到聲音」。牠的警覺性也大幅提高,因此會充分利用優異的視覺。發現寵物貓是聾子不算是多大的悲劇,雖然貓飼主與貓之間共同分享的親密溝通系統會很差,但是就像貓本身的補償能力一樣,飼主也可以學著在與貓溝通時更仰賴視覺,也就是在正常情況下透過聲音溝通的時刻,改用姿勢和動作來交流。

小貓在遊戲時,為什麼會把玩具揮到空中?

下列情景我們再也熟悉不過。一隻小貓偷偷靠近,並追逐一顆球,牠突然毫無預警從球的下方揮出一隻爪子,將球揮到空中並向後飛越頭頂。當球還在空中時,貓會扭過身子跟著球,一把撲過去並再次「殺」了它。如果面對比較大顆的球,動作會有些不同,牠會用兩隻前腳同時向後拍。

對這個玩耍行為的一般解釋是,小貓很有創造力,而且狡猾聰明。因為玩具不會像真正的鳥一樣在空中飛,因此小貓為了「賦予生命」,而把球揮到肩膀上方。如此一來,牠就可以追逐更刺激、更「活生生」的獵物替代品。這種說法認為小貓發明了在空中飛的小鳥,因此認為貓具備發明有創造力遊戲的卓越能力。還有一件事支持這個看法,那就是獵捕真正鳥類的成貓並不會用前爪做出「向上揮」的動作。有人認為,這個動作是真正發明出來的動作,反應出小貓的高等智慧。

可惜這樣解釋是錯的,因為這個解釋忽略了貓出於本能的狩獵動作。在野外,貓有三種不同的攻擊模式,視獵捕的是老鼠、鳥或魚而定。抓老鼠時,貓會偷偷靠近,猛然撲過去,用前腳抓住然後一口咬住。碰到鳥類時,貓一樣會偷偷靠近,猛然撲過去,如果鳥飛到空中,貓會跟著跳起來,立刻用兩隻前腳揮擊。如果動作夠快,在兩隻前腳的鉗形攻勢中抓到鳥的身體,就會把鳥拉倒在地,並施展必殺咬技。人們比較不熟悉的是貓獵捕魚的方式。貓抓魚的方式是埋伏在水

邊,然後等粗心的魚靠近時,迅速將爪子伸進水中,並滑到魚的身體下方,將魚往上揮出水面。這個揮擊方向是向後,並越過貓的肩膀,把魚完全揮出水面。驚嚇中的魚掉到貓身後的草地上時,狩獵者就扭過身子撲了上去。如果魚太大,沒辦法只用一隻前爪揮擊,貓就會冒險將兩隻前腳同時伸進水中,伸長爪子從底下抓住魚,將整隻獵物向後拋過頭頂。

小貓對玩具球做出「向上揮」動作,正是出於本能的捕魚動作,而不是牠學會或發明的新動作。為什麼過去一直忽略這一點,是因為許多人看過自己的寵物貓在花園草坪上跳躍抓鳥,卻很少有人在野外看過貓成功捕到魚。

有一個荷蘭的研究計劃指出,藉著「向上揮」而將魚從水中舀起的動作,在貓年紀很輕時就已成熟,而且不需要母親的指導。小貓從五週大開始就可以定期捕魚;但是沒有母貓在場指導。到了七週大時,小貓就已經是成功的釣客了。由此可見,愛玩的小貓把球拋到身體上方的動作,其實就跟野外成長的小貓在池邊或河邊所做的動作一模一樣。

小貓如何學會殺戮？

簡單的解答是，小貓不必學習如何殺戮，不過如果貓媽媽給些指示會大有幫助。科學家曾在隔離貓媽媽的情況下飼養幼貓，牠在第一次碰到齧齒目動物時就會殺死獵物了。不過，並非每隻幼貓都會成功。在試驗了二十隻小貓後，只有九隻殺死獵物，其中只有三隻真的吃掉所殺的獵物。如果幼貓在飼養環境中可以看著學習如何殺死齧齒目動物，但從未看過獵物被吃掉的話，這種環境下飼養的幼貓會成為更成功的獵人；二十一隻在這樣環境下長大的幼貓經過試驗後，有十八隻學會殺死獵物，其中九隻真的吃了獵物。

有趣的是，另外有十八隻幼貓與齧齒目動物一起飼養，其中只有三隻日後成為齧齒目動物殺手。其他十五隻就算看到其他的貓殺老鼠，也無法訓練成會殺老鼠的貓；因為對牠而言，齧齒目動物已經成為「家人」，不再是「獵物」了。而且，就算是那三隻殺手，也不會攻擊跟牠一起飼養的相同品種齧齒目動物。由此顯見，雖然幼貓有殺戮的天性，還是會因為非自然的飼養條件而受損害。

相反的，若要成為真正有效率的殺手，就必須在童年時期盡可能接觸愈多狩獵和殺戮愈好。最厲害的獵貓是小時候陪著貓媽媽一起四處覓食，並觀察她對付獵物。此外，在牠更小的時候，母貓帶獵物回窩裡給牠看也有所助益。如果貓媽媽在幼貓六至二十週大時沒有帶獵物給窩裡的幼貓，這些幼貓日後較不可能成為有效率的獵人。

62

為什麼我們會說某人「生小貓」？

當我們說「如果她發現這件事將會生小貓」（She will have kittens if she finds out about this），意思是說，她將會心亂如麻，快要歇斯底里了。乍看之下，人類心煩意亂的行為與生小貓之間似乎沒有明顯關聯。的確，驚慌失措或歇斯底里的孕婦如果情緒劇烈悲痛，很可能造成流產，因此，驚慌失措會造成突然分娩，這並不難理解。但是為什麼是生小貓？為什麼不是生小狗，或用其他動物比喻？

為了找出解答，我們必須回到中世紀。當時，貓被視為女巫同路人。如果孕婦遭受痛苦折磨，人們會認為她中了魔法，有小貓在她子宮裡抓。由於女巫能夠控制貓，提供有魔力的藥來摧毀那一窩小貓，如此一來，痛苦的孕婦就不會生下小貓了。一直到十七世紀，為了在法庭上獲得墮胎許可，仍然是用拿掉「肚子裡的小貓」來當作辯解理由。

由於孕婦相信自己中了魔法而即將生出一窩小貓，她會因為恐懼和憎惡而變得歇斯底里，因此就很容易理解，為什麼「having kittens」會用來表示憤怒恐慌的狀態了。

貓年老時會有怎樣的行為？

　　許多飼主都沒有注意到自己的貓已經「年老」了。這是因為衰老對於貓的胃口影響不大。由於牠依然狼吞虎嚥，而且體力正常，因此飼主會覺得牠還是「年輕的貓」。不過，老化還是有些指標。首先受影響的動作是跳躍和自我清理，而且兩者的理由相同。年老會使貓的關節僵硬，讓牠的動作變緩慢。跳上椅子或桌子，或在室外跳上牆的動作都會愈來愈困難。事實上，年紀很大的貓還必須靠旁人抱，才能上到喜愛的椅子上。由於身體已經喪失年輕時有彈性的柔軟特性，因此貓變得愈來愈不靈巧，難以扭頭清理比較碰不到的毛皮。這些部位的毛會開始變凌亂，就算年輕時梳毛和刷毛時通常不會抱怨的貓也一樣，此時，如果飼主稍微幫忙溫柔地梳理，將大有幫助。

　　老貓隨著身體愈來愈僵硬，習性也愈來愈僵化。牠的日常例行公事會變得愈來愈固定，而且如今，新奇的事物會讓牠苦惱，再也無法激起牠強烈的興趣。買隻小貓來鼓舞老貓根本沒用，那只會擾亂老貓的日常節奏。而搬家更是痛苦。因此，對待老貓最體貼的方式是盡可能維持每一天穩定的模式，而且，所需的有形協助只要一點點就好。

　　戶外生活對老貓而言充滿了危險。到了這時刻，與年輕敵手的爭鬥通常都是以老貓戰敗為結尾，因此必須緊盯著牠，預防任何可能的殘害發生。

　　幸好對大多數的貓而言，這些改變只會出現在遲暮之年。人類大約在壽命最後三分之一開始受到「年老」之苦，但貓通常只在生命的

最後十分之一才受苦。因此，貓的衰老歲月很短，算是很幸運。貓的平均壽命估計約為十歲。有些專家估計得較長，約為十二歲。不過，平均壽命不可能精確，因為貓的飼養條件變化很大。最粗略的說法是，家貓的壽命應介於九到十五歲之間，而且大約只在生命的最後一年會承受風燭殘年之苦。

關於家貓的長壽記錄，一直以來有許多爭論，因為有些說法實在驚人，甚至有宣稱高達四十三歲的記錄。不過，目前公認最長的壽命是三十六歲，那是一隻名叫Puss的虎斑貓，生於一九〇三年，卒於一九三九年。這例子很異常且極其罕見。曾有人在英國與美國認真地尋找年逾二十歲的貓，但是連一丁點可靠的案例都找不到。

之所以很難找到長壽貓的良好記錄，其中一個原因在於，大多數謹慎保存的詳細資料都是針對純種貓，而純種貓的壽命遠比混種貓短得多。因為人們認為，珍貴而謹慎做記錄的純種貓皆因近親繁殖而縮短了壽命。相較之下，粗食亂養的街貓則享有所謂「雜種優勢」（hybrid vigour），也就是因為遠親繁殖而獲得較好的體力。不幸的是，這樣的貓大多比較缺乏良好照顧，因此比較容易因為打架、疏於照顧及飲食不規律而受苦，如此一來壽命就會縮短。因此，擁有破記錄壽命的貓非常可能是血統可疑卻深受喜愛與保護的寵物貓。對這樣的貓而言，十五至二十歲的壽命並非毫無希望。

貓長壽有一個最奇怪的特色，那就是很輕易就超過狗。狗的長壽記錄是二十九歲，比最長壽的貓要少七歲。請記住，通常體型大的動物會比體型小的動物長壽，因此情況應該反過來才對。由此可見，以貓的體型來說，貓算活得很好。另外，結紮過的公貓有一失也有一得：公貓結紮過後，活得比「全身完整」的公貓還長壽。究其原因，似乎是因為結紮公貓比較少和敵人鬥毆互傷，而且基於某些理由，牠對於傳染病也較有抵抗力。有一項嚴格的研究顯示，結紮公貓的預期平均壽命比未結紮公貓長了三年之多。

64

為什麼貓要抓破你心愛的椅子？

通常的回答是貓在磨爪子。這是對的，但並不是以多數人認為的方式。一般人以為，貓是把變鈍的尖端磨利，就像人類把不鋒利的刀子磨利一樣。但事實上，貓是把舊的、磨損的爪鞘磨到剝落，露出底下閃閃發亮的新爪子。這比較像是蛇蛻皮，而不像磨利菜刀。有時用手摸過家具上貓抓過的地方，會發現掉落的貓爪，以為是貓被扯掉的爪子，因而害怕寵物的爪子被布料上堅韌的線意外卡住而傷了腳。不過，「扯掉的爪子」其實只是爪子老舊的外層，本來就是會掉落。

貓並不會用後腳用力「抓磨」，而是會用牙齒咬掉後腳爪子的老舊外層。

前腳抓磨還有一個重要功能，就是鍛鍊與加強爪子的伸縮器官，這對於捕捉獵物、與敵人搏鬥和攀爬至關重要。

第三個功能許多人並沒有料想到，那就是用氣味做記號。貓的前爪底部有氣味腺體，貓抓家具時，這些腺體會用力摩擦家具的布料。左爪右爪有節奏的抓磨，會將氣味擠壓到布料表面並摩擦上去，在家具上留下貓的個人標記。這就是為什麼你心愛的椅子老是最受青睞，因為是在回應你的個人氣味，並在上面加上牠的氣味。有些人會去寵物店買昂貴的貓抓柱，小心翼翼往裡頭塞貓薄荷，讓它充滿吸引力。但是又痛苦地大失所望，因為貓很快就對貓抓柱不理不睬，又回頭去抓家具了。在貓抓柱外面套一件運動衫可能有助於解決問題，不過，如果貓已經將特定椅子或家中特定地方當成牠的「抓磨位置」的話，

要改變牠的習性是難如登天了。

　　絕望之餘，有些飼主會求助於殘忍的方法，亦即將寵物除爪。先撇開肉體痛苦不談，這樣做也會對貓造成心理上的傷害，而且讓貓在所有攀爬動作、狩獵活動及貓類社交關係中處於嚴重的不利地位。

為什麼貓要將幼貓移到新窩？

　　仔貓介於二十天至三十天大時，母親通常會將牠們移到新窩。母貓會緊緊叼住仔貓的頸背，而且母貓的頭會盡可能抬高，一一將每隻仔貓叼到新地點。如果運送的距離很長，母貓可能會因為重量的關係而疲倦，並將頭垂下來，叼著的動作改用拖的。仔貓絕不會反抗，在母親嘴中維持軟綿綿的姿態並保持不動，仔貓的尾巴會捲曲起來，夾在彎曲的後腿之間。這個姿勢可讓仔貓的身軀盡可能縮短，在母貓粗野地將牠們從舊窩搬到新窩過程中，減少碰撞的危險。

　　母貓一抵達她所選的新地點時會張開嘴，讓仔貓掉到地上。然後她會回去帶下一隻仔貓，直到整窩仔貓都搬完為止。最後一隻仔貓搬過去之後，她會再回去一次檢查舊窩，再次確認沒有遺漏。這表示，計算仔貓的能力並不屬於貓的強項。

　　一般認為，搬家的原因不外乎舊窩變髒了，或是因為仔貓長大了。這些解釋似乎蠻合理，但並不是真正的原因。因為就算貓擁有又大又乾淨的窩，照樣會移動仔貓。真正的解答在於家貓的野生祖先。在自然環境中，沒有罐頭貓食也沒有牛奶，母貓必須將獵物帶回窩裡，以激發孩子的肉食反應。仔貓在三十至四十天大時，必須開始吃固體食物，飲食行為改變正是搬家的背後原因。第一個窩，也就是舊窩，獲選原因是因為最舒適，也最安全。因為在那時候仔貓無力照顧自己，因此最重要的是提供保護。但是到了生命的第二個月，等牠們冒出牙齒後，就必須學習如何咬與咀嚼母貓帶回來的獵物。因此需要

第二個窩，使這件事變得更容易。此時的優先考量是要靠近最佳的食物供應地點，減少母貓一再帶食物給孩子的工作負擔。

家貓也會搬家。只要有一半的機會就會搬；就算人類飼主會定期裝滿食物盆子，讓牠不再有餵食問題也一樣。搬家是自古傳下來的母貓行為模式，就像狩獵行為，絕不會因為馴養後的舒適生活而消失。

除了上述的「食物來源搬家模式」外，當然也有許多因為母貓認為窩的地點危險而迅速搬走整窩仔貓的例子。如果人類的好奇心太強，偷窺的眼睛和東摸西摸的雙手不懂得避開「隱密的」窩時，陌生人類的味道會讓那個窩變成毫無吸引力的家。此時，貓媽媽可能會尋找新家，只為了獲得更多隱私。這種類型的搬家可能出現在產婦週期的任何一個階段。至於野貓方面，干擾窩裡的幼貓可能會導致更嚴重的後果，母貓會不再將牠們視為孩子，進而遺棄甚至吃掉牠們。事實上，幼貓身上的外來氣味會讓牠們變成外來的「種類」，換言之，就是變成獵物種類，而對於這種東西的明顯反應就是吃了牠。家貓很少會有這種反應，因為牠早已習慣人類飼主的香味和氣味，不會將那些味道歸類為外來氣味。因此，被人類碰觸過的幼貓，就算沾染了新氣味，通常還是算「家中成員」。

66

貓最初被馴養是在何時？

在許多以貓為主題的書中提到，貓最初被馴養是約在三千五百至四千五百年前。我們從古埃及藝術品中獲得相當強的證據，顯示當時貓就已經受人類控制。有人認為，早期埃及文明中的大型穀倉吸引了當地的野貓。大小老鼠在倉庫裡氾濫橫行，然後貓跟著來盡情大啖有害的齧齒目動物，因而深受埃及人喜愛。但是現在有些新證據表明，我們必須重新考量人類與貓最早的親密關係。

古埃及人與貓的關係乃無庸置疑，但是那看起來比較像是晚期發展。比古埃及更早數千年前，人類和貓似乎就已經發展出特殊關係，而且我們現在可以合理地確認，貓至少在八千年前就被馴養了。

雖然證據很小，只不過是一塊貓頷骨，但是基於一個特殊理由，這個證據的說服力十足。這塊頷骨是一九八三年由阿蘭・勒布朗（Alain le Brun）發現，當時他正在塞普勒斯南部挖掘基羅基蒂亞（Khirokitia）的新石器時代聚落，他發現的頷骨定年為西元前六千年。關於發現地有一個重點，那就是賽普勒斯沒有野貓，表示那隻貓一定是早期人類移民從外地帶到賽普勒斯島上。我們已經知道移民帶了其他的馴養動物，卻實在難以想像他們從周遭大陸帶了隻野貓來；因為他們絕不可能把一隻亂噴口水、四處狂抓又飽受驚嚇的野貓帶上船當同伴，只有經過馴養的家貓才可能成為早期拓荒者的私人財產。

因此，幾乎可以確定早在西元前六千年，附近大陸上就已經有貓被馴服和馴養了。我們不應太過驚訝，畢竟在這個時期的至少一千年

前，人類的謀生方式就已經從狩獵變成農業，也早就馴養了山羊和綿羊。當時的人已開始種植作物，不用懷疑也一定吸引了大量的大小老鼠。因此，就算是在那古早時代，人們對貓也早已需求若渴。的確，早在九千年前的人類聚落（例如約旦耶利哥）就發現有相關的貓骨，但是在那些案例中，迄今仍無法確定那些貓骨的重要性。耶利哥附近農村有大量野貓，也許耶利哥居民只是設陷阱捕捉或獵捕野貓然後吃了。那些骨骸無法證明他們馴服或馴養了貓。但是在基羅基蒂亞發現的新骨骸卻是更有力的證據。更重要的是，仔細檢查其體積後發現，那與後來被埃及人馴養的貓屬於完全一樣的品種。由此可見，貓終究不是我們最新的動物同伴，而是最老的一種。而且誰知道呢，也許未來有一天，我們會發現更古老年代的證據，將家貓存在的年代推溯到新石器時代的初始，也就是一萬年前。

為什麼曼島貓沒有尾巴？

沒有尾巴的曼島貓是已知最老的品種之一，至少在四百年前就已出現在英屬曼島上。傳說中，牠之所以失去尾巴是因為牠是最後一隻登上諾亞方舟的動物。由於大洪水上升得很快，諾亞急急忙忙關上方舟的門，不小心夾斷了曼島貓原本完好且毛茸茸的尾巴。

事實上，曼島貓的尾巴是相當嚴重的基因畸形。造成無尾現象的基因也扭曲了剩餘的脊椎，使得貓脊柱的脊椎骨較少也較短。情況嚴重時，會造成所謂的脊柱裂。這也會造成貓的前腿非常短，後腿長，而且肛門異常地小，因此貓會像兔子一樣跳躍，還要承受痔瘡之苦。

曼島貓的基因中還有一個致命因子。如果兩隻無尾曼島貓交配，仔貓會嚴重畸形，在出生前就已死亡，幾乎無一倖免。因此，曼島貓的幼貓通常是透過無尾貓與有尾貓雜交而繁殖。這樣產生的仔貓中，有些是「無尾」（rumpy，完全沒有尾巴），有些是「少許尾巴」（rumpy-riser，有尾巴瘤），有些是「粗短尾巴」（stumpy 或stubby，尾巴非常短），還有些則是「長尾」（longy，尾巴長度幾乎完整）。

曼島貓最初如何來到英屬曼島，目前仍有激烈爭論。其中一個最受喜愛的理論是，牠是數千年前由腓尼基商人從日本帶到島上的。這個說法的根據是，在日本有幾乎無尾的貓，亦即日本短尾貓。不過，對這個理論不利的是，這兩種貓身上讓尾巴縮短的基因大不相同，而且曼島貓和日本短尾貓之間的相似性僅止於表面而已。

第二個理論認為，一五八八年有些西班牙無敵艦隊的船隻從英國

艦隊手中逃脫，而最初的曼島貓就從其中一艘船上勇敢地游到曼島岸上。據說，這艘船的船長讓船隻擱淺在現在稱為「西班牙岩」（The Spanish Rock）的地方，而有一隻或多隻無尾貓平安地攀爬到島上。

雖然所有人對於曼島貓最早如何來到英屬曼島仍百思不解，但遠在俄羅斯、馬來西亞和中國發現的無尾貓全都導向一個新理論，似乎沒有人想到，最早的無尾基因很可能就是在曼島上出現。因為既然是突變，那麼就可能出現在任何地方。

附記：

寫完這些內容之後，曼島貓專家已向我保證，透過謹慎的選擇性繁殖，又不失去其獨特的無尾，已經大大消除了曼島貓棘手的基因缺陷。如果真是如此，這迷人又在歷史上有名的貓的前途將是一片光明。

馴養過程對貓造成哪些改變？

　　很少。現代的貓與家犬不同，跟祖型（ancestral form）仍然很接近。不論是在解剖學上或在行為上，現代貓與非洲野貓仍明顯相似；而非洲野貓是數千年前在中東逐漸演化來的。

　　從那時開始到今日的改變，大多都在表面上。毛色改變，毛的長度也有調整，但在表象底下，即使最嬌生慣養的純種貓，也依然是古埃及時代保護糧倉的有害動物掠食殺手。

　　在少數重要改變中，有一項改變加速了馴化品種的繁殖週期。現代寵物貓可以輕易在一年中經歷三次繁殖週期，而野生型（wild type）只會在春天繁殖一次。繁殖速率增加到三倍，大大說明了為何現代都會區的貓數量會急速激增。

　　第二個改變是，貓的體型比野生樣本中發現的體型稍小。到底這是古代的貓養殖者為了讓新發現的動物夥伴更易於處理而故意採取的手段，還是因為大量近親繁殖的結果，都難以下定論，不過這仍是貓類馴養過程的一大特色。

　　第三，現代家貓比其野生祖先多了一點「孩子氣」。幾乎可以確定是數世紀以來貓飼主的選擇；不過這選擇並非有計劃。成年仍愛玩耍的動物比較適合我們，所以也得到我們的偏愛。這樣的動物最容易飼養。牠們有兩個優點：不但是更迷人的伴侶，也更容易掌控。由於牠們很孩子氣，因此更樂意把人類飼主當成擬父母。這表示，就算早已不是小貓，也還是把人類住家當成「窩」。這也意味著貓在每一次

領土訪視之後，會更有可能一再回到家中，讓父母安心。

　　較不孩子氣的貓比較容易四處漫遊、離棄父母的住所，並尋找全新的領土建立自己的家。這正是野生小貓長大時做的事。但是家裡的幼貓必須待在家，並以分裂的人格度過成年：一方面是種畜和老鼠殺手，一方面是人類家庭的偽小貓。近年來，這個過程愈演愈烈，貓做為家庭寵物的身分比有害動物毀滅者的身分更重要。由人馴養出的新生貓必須準備好接受大量干擾，因為人類將會不斷伸出雙手撫摸和擁抱，這只有成貓心中的幼貓個性才有辦法容忍。所以，貓在八千年的馴養過程中唯一最重要的改變，就是嬰兒與成年混體的貓，也許這真的是事實。

　　儘管如此，貓的適應力還是很強，而且可以用很快的速度轉變成純粹的野生成貓。如果家貓背棄人類的保護，她所生的幼貓長大後會像全然野生的一樣未經馴服。在成長過程中從未見過人類的農場幼貓成長到一半大時，如果被逼到絕境，將會變成狂怒咒罵的火爆浪子。這時就需要極大的耐心，才能將牠改變成友善的成貓。由此可知，貓有雙重的生存方式：有能力成為天真的家貓，同時又保有變成殺手野貓的選擇；只要環境改變，貓就會變。難怪貓在過去數千年中如此有成就。

虎斑貓的歷史為何？

　　在所有家貓品種中，虎斑貓是最常見的毛色。牠的歷史很怪異，如果要瞭解虎斑貓，就必須回溯到八千年前，也就是第一隻貓在中東被馴養的時期。

　　家貓的起源是非洲野貓。先不管名稱，其實牠是在範圍遼闊的多個溫暖國家中發現的，不只包括大部分的非洲，也包括馬略卡島（Majorca）、科西嘉島（Corsica）、薩丁尼亞島（Sardinia）、西西里島（Sicily）和克里特島（Crete）等地中海島嶼。也散布到阿拉伯及中東，遠達印度與土耳其斯坦（Turkestan）。在更遠的北部，歐洲野貓取代了非洲野貓，範圍從西邊的葡萄牙和英國到東邊的俄羅斯。這兩種野貓組成名為 *Felis silvestris*（野貓）的物種。

　　這兩種野貓之間的差異，支持了非洲是家貓原始起源的看法。歐洲野貓相當健壯，寬臉，尾巴短而膨鬆且尾端鈍而圓。牠極難馴服，而且容易受驚嚇，加上陷入絕境時會相當兇暴，意味著早期人類要馴養一定困難重重。

　　非洲野貓雖然比現代家貓的體型大，但是體格遠比不上歐洲野貓粗壯，整體外型非常接近我們熟悉的寵物貓。非洲野貓的頭比較纖細，尾巴比較不膨鬆。最重要的是遠不如歐洲品種那樣孤僻，經常接近人類聚落，搜尋當地數量豐富的齧齒目動物。有一位維多利亞時代的探險家曾記述，他可以捕捉那些貓，將牠們拴在糧倉附近，藉以減少老鼠的數量。他聲稱非洲野貓很快就適應了圈養的生活，而且成為

有用的有害動物防治員。如果當地人抓到年輕幼貓，據說很快就可以馴服。這與狂怒咒罵的歐洲野貓大相逕庭。我們很容易就能想像，早期中東居民（尤其是古埃及人）是如何將非洲品種轉變成家裡的夥伴，而且毫無疑問，事實就是如此；而較北邊的歐洲野貓則在最初階段就完全屏除在貓的馴養歷史之外。

　　對於歐洲與非洲品種的毛皮樣式的最佳描述是發育不全、淡薄或褪色的虎斑貓；牠身上有圖樣，但是不明顯。這無疑就是家貓原本的外觀，而且壁畫也證實了，三至四千年前的埃及貓身上有明亮或不連續的條紋。那麼，純種虎斑貓的圖樣是怎麼來的呢？

　　答案看來是因為羅馬人的關係。古埃及人有好幾個世紀一直防止神聖的貓出口。然而，腓尼基商人因為在地中海地區從事可疑交易而聲名狼籍，只要發現珍貴貨品而且有現成的市場，沒什麼能阻止他們。貓很快就被運出埃及，小心翼翼地走私到希臘，然後到羅馬。而隨著羅馬帝國開始擴張，埃及的貓也從羅馬傳遍歐洲。在這過程中，早期的有害動物防治貓開始遇見野生的歐洲貓，並與之雜交。注入歐洲貓血統的結果，正是最原始又完全的虎斑貓。從那之後的試驗顯示，當淡色虎斑的歐洲野貓與非洲野貓雜交之後，混種幼貓的毛皮圖樣比父母任一邊的斑紋更接近現代家貓的虎斑圖樣。這應該就是虎斑貓的由來。

　　這種類型最早的貓，就是我們今日稱為條紋或鯖魚紋虎斑的貓，身上覆蓋著又細又深的線條。那些線條有些會斷成短線或斑點，但整體效果像老虎條紋。這是一開始唯一的圖樣，不過後來就有新的變化出現。斑點虎斑貓開始出現，這種貓的斑紋比較粗也比較複雜。窄條紋只出現在特定地區。據信，這些斑點虎斑貓最初是在伊莉莎白女王一世時代出現於英國。當時正是大英帝國擴張的年代，一般認為，虎斑貓以「船貓」⑦的身分，短時間內就從不列顛群島散播到全球各地。隨著大英帝國在維多利亞時代的擴張，虎斑貓也擴散到更遙遠的地

方。

　　基於某些理由，我們無法全盤瞭解為什麼斑點虎斑貓是贏家。這種貓在因為領土或母貓而起爭端時，很快就能驅走其他毛皮形式的貓；基於這結果，也許與這種圖樣的基因與獨特的攻擊性或自信程度有關，也許只是比較健康或繁殖力比較強。不論理由為何，這種新圖樣開始主宰貓世界。早期的條紋虎斑貓迅速衰退，今日已相當罕見，而斑點虎斑則是最常見的毛色樣式。

　　正如某位作者所述，將這種最最成功的貓命名為「大英帝國貓」，應該與事實相去不遠。

---

⑦ 古代的船舶上一定會帶著貓，最重要的功用就是抓老鼠。

為什麼有那麼多貓品種來自東方？

如果你參觀現今主要的貓展，會發現約有五十種品種在展出，此外還有許多不同的顏色類型和「子品種」，也就是公認品種的微小變化，這些不在此處討論。

有一項對每一品種的來源國家所做的調查顯示出一個奇怪的分布狀況。雖然歐洲是貓展的起源地，也是競爭性及控制性育種的發源地，但是在五十種主要品種中，只有非常少數是來自這個地區。相反的，大部分的古老品種都來自東方。在問為什麼之前，請先看看下列實情摘要：

歐洲擁有英國短毛貓（British Shorthair），法國有跟牠類似的夏特爾貓（Chartreux），另外還有挪威森林貓（Norwegian Forest cat），以及來自英屬曼島的著名無尾貓，曼島貓；這些都讓歐洲自豪。近年，於一九五〇及六〇年代出現了捲毛貓和蘇格蘭折耳貓，更近期還有索馬利貓（Somali）及波米拉貓（Burmilla）；不過這些差不多都是雜交而成。大致上就是這些了。

另一方面，從東方傳到歐洲的有：十六世紀來自伊朗的長毛波斯貓、同一時期來自土耳其的毛茸茸的安哥拉貓（當時安卡拉〔Ankara〕的發音是安哥拉〔Angora〕），以及十七世紀來自泰國、極富異國情調的長腿暹羅貓。其他東方品種還包括來自緬甸的伯曼貓（Birman）與緬甸貓（Burmese）、土耳其梵貓（Turkish Van cat）、日本短尾貓、埃及貓（Egyptian Mau cat）、來自現代的衣索比亞的阿比西尼亞貓、俄羅斯

藍貓、來自新加坡的新加坡貓，以及來自泰國的科拉特貓（Korat）。

如果略過非常新的品種不論，我們可以明顯看到，在貓展剛起步的早期，主要的血統系譜線幾乎全都源自近東或遠東地區，西方則遠遠落後。造成這個現象的原因是基督教會長達好幾世紀的迫害，讓西方的貓地位非常低。情況最糟的時候，貓被視為邪惡；而在最佳情況中，貓頂多是當作實用的有害動物毀滅者。直到維多利亞時代，貓的地位才再度提升，這要歸功於那時代的感傷情懷。這個氛圍改變的最高點是一八七一年於英國倫敦水晶宮所舉辦的首次比賽型貓展。當時參展的貓有二十五種，而且粗分為「東方貓」及「英國貓」。隨著時光流逝，充滿異國情調的東方貓終於攫走較為乏味的英國貓成為大熱門，讓英國的主辦單位大為苦惱。

東方貓之所以嶄露頭角，是因為牠們在社會上的角色神聖且受崇敬。牠們從歐洲獵殺女巫的淨化活動中死裡逃生，而且在歐洲人生活中占有的重要性完全不同。在過去較有利的歷史條件下，牠們發展成為美麗又突出的品種，對早期貓展的參觀者造成很大的衝擊。即使是最好的英國虎斑貓，與這樣引人注目的對手競爭也如坐針氈。

如果歐洲不曾遭逢多年的宗教殘暴行為與迫害，土生土長的貓可能會有更好的發展，也足以與奢侈的外國貓競爭。不過，曾經專業育種而改善血統的當地品種少之又少，因此西方貓必須努力趕上歷史悠久且備受寵愛的東方對手。

時間切換到現代，新品種的來源移到了北美大陸。在美國與加拿大發展出來的貓包括：獅子狗臉貓（Peke-faced cat）、布偶貓、巴里貓（Balinese）、緬因貓（Maine Coon）、美國短毛貓（American Shorthair）、雪鞋貓（Snowshoe）、哈瓦那棕貓（Havana Brown）、歐西貓（Ocicat）、馬來貓（Malayan）、東奇尼貓（Tonkinese）、孟買貓（Bombay）、硬毛貓，以及格外奇特的斯芬克斯貓。儘管這些貓的名稱充滿東方風味，但牠們全都是西方純種貓。不為別的，這些貓幾乎

都是為了比賽而特別培育出來。

　　對於純種貓界，非洲、南美及澳洲的貢獻似乎很少，或付之闕如。至於歐洲，由於其不光采的貓歷史，所做的貢獻遠低於合理範圍。總體而言，我們必須感謝來自東方世界的早期品種，以及最近來自北美的品種。

71

誰是貓界的巨人和侏儒？

　　家貓的體型變化遠不及家犬來得大。狗的飼養一直是基於許多不同任務，從數量龐大的看門狗和鬥犬，到小型玩賞犬和迷你犬都包含在內。但是貓在整個漫長的馴養歷史中只有一個主要任務，就是擔任有害動物殺手。這個工作幾乎不會影響貓的體型。

　　因此，貓界的巨人和侏儒並不特別令人印象深刻。不過，牠們確實存在，因為某些品種的貓已經適應了不同的氣候，而正如所有動物一樣，氣候愈冷，體型會愈大。所以，起源於北歐的現代品種應該比熱帶貓的體重來得重。這正是我們發現的狀況。英國短毛貓的祖先世世代代都在島國家鄉陰冷氣候中掙扎求生，體型比生長在泰國曼谷濕熱氣候的精瘦暹羅貓還要健壯結實，而且體格更魁梧。這兩個品種的成熟公貓體重分別約為十二磅（五・四公斤）及九磅（四公斤）。

　　一般的貓大多介於這兩個極端之間，公貓體重約十磅（四・五公斤），母貓約八磅（三・六公斤）。不過偶爾還是會發現少數怪胎，有一隻驚人的貓，其重量高達四十三磅（十九・五公斤）；還有一隻矮小的貓只有三磅（一・四公斤）；不過這些都屬異常。那隻巨貓是因為賀爾蒙不平衡，那隻侏儒貓則是遺傳侏儒症的案例。

　　在純種貓之中，北美的緬因貓是最大型的貓之一，有些特殊的個體重達三十磅（十三・六公斤）。另一種大型品種是挪威森林貓，看起來的確是來自家貓分布範圍最冷的地區。

　　最小的品種是從新加坡抵達的貓；在新加坡的名稱是「水溝

貓」。貓在新加坡似乎不太受歡迎，這種特殊品種不僅要適應當地炎熱氣候，還必須找到有限的藏身處，因而變得愈來愈小。直到一九七〇年代，少數幾隻新加坡貓被帶到美國才正式「被發現」。新加坡貓到了美國之後愈來愈受歡迎，據推測可能是因為有愈來愈多美國人改住到公寓，這種貓的嬌小體型正好合適。公的新加坡貓平均體重只有六磅（二‧七公斤），母貓則只有四磅（一‧八公斤）。

72

溫度如何影響貓毛的顏色？

　　看著貓的顏色樣式，我們會自動認為那是從牠的父母遺傳下來的。在我們心中，那個樣式不會受到動物個別環境中的變化影響。這是所謂「生為黑貓，終生黑貓」或「生為海豹色端（sealpoint），終生海豹色端」的實例。因此，當我們發現事情並非一直如此時往往大感意外。有一個主要的貓族群暹羅貓，其顏色就取決於居住環境的溫度。

　　當暹羅仔貓剛出生時，毛是全白色。隨著年紀愈來愈大，純淨的顏色開始改變，深色色素會出現在鼻頭、耳朵邊緣周圍、尾巴最尾端，以及四隻腳的肉墊上。然後，隨著貓愈來愈成熟，這些深色的肢體末端（或「端點」）會開始蔓延，到了滿一歲時，暹羅貓就具備了成貓型態，鼻子顏色幾乎覆蓋整張臉，耳朵邊緣的深色擴散到大部分耳朵表面，尾巴尾端的顏色會往上延伸到接近尾巴根部，而腳上的色素也會蔓延到腳的一半。深色色素與蒼白的身體主要部位交接處，會有柔和的中間區域，而不是顏色分明的界線。

　　這樣的顏色對人類眼睛充滿高度吸引力，大多數人會視之為像虎斑貓或三色貓之類的另一種毛皮樣式，但是其形成方式完全迥異。看看暹羅貓的幼貓在寒冷環境中飼養的狀況就可以瞭解。寒冷地帶的暹羅貓在出生時跟往常一樣是白色，隨著年紀漸長，顏色會急遽變深。並不是全身灰白而只有端點變深色，而是全身顏色都變深。如果暹羅貓的幼貓飼養在非常熱的環境中，成貓毛皮會形成全部灰白，完全沒

有深色端。

這些變化的原因在於,對暹羅貓而言,皮膚低溫會造成生長中的毛髮有更多色素沉澱。這就是為什麼新生幼貓會全白,因為母貓的子宮是溫暖的。接著,如果在一般平均溫度下成長,身體較熱的區域(即中央軀幹)會維持灰白色,而溫度比較低的肢體末端則會漸漸變深。尾巴末端(或其他肢體末端)跟側腹之間的顏色差異,正好足夠形成暹羅貓典型的雙色樣式。事實上,研究暹羅貓海豹色端的樣式,就等於是觀察貓身體表面的溫度分布圖。

有趣的是,如果暹羅貓的一隻腳或尾巴受傷,復原期間用繃帶將受傷部位包起來,這也會影響毛色。在繃帶裡面開始生長的毛,因為包起來的皮膚比以往還熱,因此會失去色素。繃帶拆掉之後,剛開始時會完全沒有深色。當然,舊的深色毛並不會改變。不過等過一陣子之後,在繃帶溫熱條件下長出來的毛完全成熟並取代舊毛之後,就會出現一塊白色區域。對寵物而言,這會變得很怪異,也毀了該有的樣貌,攪亂了暹羅貓海豹色端的平衡。而且,對純種的比賽貓會是個大災難;除非全新的毛整個長好並換掉白毛,否則完全沒有贏得比賽的機會。

有時候,就算沒有局部受傷,暹羅貓的端點也會生出灰白色的毛。如果出現這個狀況,表示貓得了會使體溫升高的疾病,例如長期發燒,也有可能是某種休克或創傷。基於這些原因,如果想要留住暹羅貓的漂亮海豹色端,就必須讓牠保持冷靜與健康。然而,對於參展的純種暹羅貓而言,就算是健康的貓也仍有問題,因為隨著年紀愈來愈大,身體溫度會開始輕微地降低,導致身體毛色一點一滴變深。因此,冠軍暹羅貓的生涯通常只有三、四年就結束了,因為熱血方剛的年輕貓會逐漸成熟,步入低體溫的老年貓行列。

貓能不能預測地震？

　　簡單的回答是可以。不過我們還不確定怎麼做到的。貓可能對於地球的震動相當敏感，敏感程度細到連我們的儀器偵測不到的震動，貓也感覺得到。目前已知地震是逐漸累積，而不是一次突如其來的巨大震動。因此，貓很可能具備先進的警告系統。

　　第二種可能性是，在地震之前靜電會急遽增強，而貓對此特別敏感。人類對這些變化也有反應，但是相當模糊且不明確。有些人談到，在這種時刻會頭部緊繃或抽痛，但我們無法區分這些感覺跟一整天工作壓力大或感冒時的頭部緊繃或抽痛有什麼不同。因此我們無法正確解讀這些徵兆；而貓極可能可以分辨。

　　第三種解釋認為，貓對於地球磁場的突然變動有不可思議的靈敏度，而這樣的變動會伴隨著地震。也許，貓同時具備這三種反應，也就是可以感受到微小震動、靜電活動，以及地磁變動。

74

貓展是從何時開始？

目前有記載的第一場貓展是在一五九八年於英國溫徹斯特的聖吉爾嘉年華會（St Giles Fair）舉辦，當時展出了一些樣品。類似的小型貓展也曾在類似活動中舉辦，但是都不具重要性，也沒有正式地位。此時，純種貓的繁殖還沒有什麼重要性。

直到十九世紀後半葉，才有舉行正式的比賽型貓展。最早的例子是一八六一年在倫敦舉辦的，但這仍舊不是真正公開的展覽。在美國也有類似的發展，一八六〇年代晚期的新英格蘭地區，曾經舉辦特別以緬因貓為號召的小型展覽。

然後，一八七一年，第一場大型正式貓展登場。這場貓展是由作家兼藝術家哈里森・威爾（Harrison Weir）籌備，於倫敦的「水晶宮」舉辦。七月十三日星期二開幕，當時參觀者多到幾乎無法在人山人海中看到貓。對於大眾的反應，威爾大感驚訝。在前往水晶宮的路上，他強烈懷疑這個計劃是否明智，因為他深怕那些貓會「生氣或吵著要自由」。但是等到抵達會場後，他發現貓都平靜地躺在深紅色坐墊上，現場除了到處發出呼嚕聲和輕聲舔食鮮奶的聲音外，別無噪音。

雖然整場比賽的總獎金不到十英鎊，但總共有一百七十隻貓參加。其中一隻獲獎貓是威爾自己的十四歲虎斑貓，名叫「老太太」；如果你知道三名評審中的兩名分別是威爾的兄弟和威爾本人，這個結果並不會太意外。如果評選系統還有什麼不盡如人意的地方，那就是歷史上第一次為貓賦予明確的標準和分類（多虧威爾，這一定要記上

一筆）。那些標準和分類形成的系統基礎，至今全世界的現代貓展仍在使用。

　　很快地，其他貓展陸續籌備舉辦，而且一八八七年更成立了「全國貓俱樂部」（National Cat Club）管轄這新興比賽；不用說，會長就是威爾。到了一八九三年，第一本官方的貓品種登記冊開始撰寫，純種貓繁殖也已認真展開。一八九五年，美國第一場大型貓展在紐約麥迪遜花園廣場舉辦，卻是由英國人籌辦。如今，英國每年至少有六十五場貓展，美國有四百場。不幸的是，貓展主辦單位彼此之間的競爭愈來愈激烈，而且從最早期開始，已經有許多分裂和分歧。結果，在整個英國或美國都沒有單一的管理機構，而且每個俱樂部或協會都有自己一套稍微不一樣的規則和分類。這一切對局外人來說相當混淆，但對貓而言，實在沒多大差別。重要的是在血統競爭中存活，也就是認真對待純種貓，不讓貓在二十世紀社會中不受到重視。

　　由於現今百分之九十四的貓都不是純種貓，因此貓展世界中的貓只占全體貓口的極少比例，但這無所謂。只要菁英血統存在並加以拍照與展示，一般而言就會傳遞家貓很重要的氛圍。純種貓是貓界的大使，而且當每年十二月的全球最大貓展，即「倫敦全國貓展」（National Cat Show in London）聚集了超過兩千隻菁英純種貓時，牠們所引起的關注，對於我們賦予貓伴侶的價值，是絕佳的廣告宣傳。

75

是否有些貓品種不正常？

　　在純種貓界中，什麼樣的狀況算不正常？這個問題有相當多的爭論。如果只是出現新的顏色類型，那沒什麼問題。但如果發生的變異在某方面改變了貓的解剖結構，那通常會引起激烈辯論：新出現的變異是否應該助長，還是應該滅絕？如果該變異讓貓出現嚴重障礙，答案便不言自明。但如果只是一點點不便，貓的養殖業者會分成敵對兩派。其結果是，某個官方貓組織會認可新的變異，成為新的品種；而另一個官方組織則不承認其地位，並禁止那種貓參加貓展。

　　目前有四種奇特品種屬於上述所說的範疇；有些組織承認，有些則拒絕。這四個品種分別是蘇格蘭折耳貓、加拿大斯芬克斯貓、加州布偶貓，以及美國獅子狗臉貓。獅子狗臉貓早在一九三○年代就發現了，但是其他三種則是在一九六○年代才發現，而且很快獲得各地熱情的養殖業者接受，興高采烈建立起新的純種貓血統。由於貓的主要品種不到五十個（撇開所有顏色變化不論），因此，發現全新類型的貓相當令人振奮，他們的強烈興趣也很容易理解。但是在歡欣鼓舞之際，各地養殖業者是否失去了判斷力，不知道自己所做的事其實是在保存畸形的貓？這個問題的唯一裁決之道，就是評估上述每一種貓的生活品質。

　　首先是蘇格蘭折耳貓。狗有許多耳朵下垂的品種，但是蘇格蘭折耳貓是唯一一種頭上沒有典型直立耳朵的貓品種。牠的名稱指的就是耳朵向前折下，所以從前面看的話，牠的耳朵大致上呈水平，而不是

垂直。折耳貓首次發現於一九六一年，是一位蘇格蘭牧羊人在農場上發現的。他立刻驚覺那是最奇特的一種貓，並開始展開養殖計劃。雖然有些人覺得蘇格蘭折耳貓看起來太過悲傷，但牠圓圓的頭形擄獲了許多人的喜愛。後來發現，有些蘇格蘭折耳貓的四肢與尾巴會逐漸肥厚，這對牠而言是相當嚴重的生理缺陷。自從發現這個問題之後，樣本就已經不再繁殖，而且目前已建立了沒有明顯殘缺的良好品種。蘇格蘭折耳貓在美國大為風行，但是某些官方組織依然禁止，因為牠們認為這種貓可能患有耳疥蟲或耳聾。蘇格蘭折耳貓養殖業者反駁這種說法毫無證據，後來就不了了之。

從貓的觀點來看，耳朵折起來是有些微不利，牠沒辦法表達一種常見的情緒訊號，那就是貓在生氣或驚嚇時會將耳朵壓低準備打架的樣子。牠必須將完全豎直的耳朵整個壓平，才能傳達極重要的社交訊號。而蘇格蘭折耳貓的樣子永遠處於壓低耳朵的姿勢，這讓牠看起來好像準備要打架，但說來也奇怪，牠並沒有此打算。理由在於，耳朵折起來會讓耳朵朝前，這樣的姿勢不屬於一般放低耳朵的訊號。對正常貓而言，耳朵壓低到這程度是準備要轉向後面。由此可見，蘇格蘭折耳貓擁有的是獨特「壓扁的」耳朵，這和「壓低的」耳朵姿勢不一樣。沒有人知道貓自己能不能區別這兩者。如果可以，就沒有理由不應將這個品種與其他純種貓列在一起。

第二種是加拿大斯芬克斯貓。這是一種無毛貓，一九六六年首次發現於安大略。除了完全沒有毛髮之外，牠是完全正常的貓，而且性情很迷人。但是牠無毛的特點讓許多愛貓者覺得相當醜陋，而且其古怪的價值似乎無法彌補此特點。唯一一個嚴重反對這種貓的理由是，受凍一定會讓牠叫苦連天，而且，至少在其原產國，牠整個冬天不是待在室內，就是穿戴人造外套。如果愛牠的飼主負擔得起中央暖氣，要馴養這個品種就沒有任何問題，但是仍有許多貓協會拒絕承認其地位。

　　第三種是加州布偶貓。這種貓全身軟綿綿，基因上缺乏貓類正常的防禦反應。如果將牠抓起來，牠會軟趴趴地懸在你手中，就像沒有生命的布娃娃，也絕不會掙扎。人們擔憂的是，這種貓可能容易受傷且毫不抱怨，而且粗心的小孩可能會像拉扯布偶一樣過度拉扯而導致牠受傷。一般貓會自我保護免於過度傷害，遲早會掙扎和抓人。但是布偶貓缺乏這些反應，有可能真的被思慮不周的小孩「愛到死」。因此許多貓協會也禁止這種貓，希望看到牠徹底消失。可惜的是，就像斯芬克斯貓碰巧長得太醜，這種貓偏偏就太漂亮。布偶貓的擁護者說，他們會一直維持布偶貓的高價位，並謹慎篩選潛在飼主為保護方法。但是情況可以控制多久？這仍有待解決。

　　最後，美國獅子狗臉貓是長毛貓，人們將牠繁殖出愈來愈平的臉，就像狗品種中北京狗（獅子狗）的扁臉一直被強化。結果是，獅子狗臉貓必須承受眼睛、牙齒及呼吸方面的問題。由於牠眼睛下方受到擠壓，因此淚管很可能塞住而導致流眼淚。由於下頜縮小，當牠嘴巴閉起來時，牙齒常無法正確咬合。而且由於鼻腔縮小，等牠年紀漸長時，呼吸會愈來愈困難。儘管如此，從擬人化角度觀賞時，牠的確擁有非常吸引人的頭形。牠的扁臉加上又長又軟的毛，看起來就像「超級寶寶」圓滾滾的樣子，正合許多人的喜好。因此，牠在美國的貓展中已經風行了數十年。但在英國，人們還是無法接受牠成為實至名歸的冠軍純種貓。

　　相對來說，以上這四種「不正常」的品種都比較新，因此還需要漫長的奮鬥才能獲得全世界認可。久負盛名的曼島貓，其脊柱怪異地縮短，也因此造成一些問題，當然跟上述四種品種一樣不正常，但是很久以前貓展就已接受曼島貓，所以現在完全沒有人反對牠參賽。

　　在這四個新品種中，其中三種只要妥善照顧就會完全沒有問題。蘇格蘭折耳貓只要耳朵保持乾淨，加拿大斯芬克斯貓注意保暖，而加州布偶貓則要遠離愛捉弄的小孩，牠們全都可以擁有愜意又滿足的生

活。不過，獅子狗臉貓則是另一回事了。這種動物不論擁有多少愛與
關懷，都會有呼吸變糟的危險。因此，為了牠們好，這個品種極度誇
張的扁臉應該稍微恢復一些。就算失去了非常非常平的臉，還是可以
擁有迷人的扁臉，照樣可以散發出迷人的嬰兒特色。不過，一旦涉及
人類的競爭，希望所有事情維持中庸通常會徒勞無功。為了贏得極致
扁臉貓的美名，已經讓這品種陷入危機。不過貓界的主管機關似乎真
的緊盯著可能出現的危險，因此，比起一些狗品種的案例，我們可以
盼望能制定更嚴格的管制措施。

貓會玩哪些遊戲？

　　養貓的一項樂趣就是看貓咪玩耍，或是親自跟貓玩。數百年來，即使是最有學問的人，也為這無害的消遣深深著迷。早在西元二世紀時，羅馬歷史學家盧修斯・柯流斯（Lucius Coelius）就曾寫道，當他不用做研究，也沒有更繁重的事務時，他並不羞於逗弄他的貓和陪牠玩耍。十七世紀時，偉大的博物學家托普塞（Edward Topsel）曾撰寫關於貓玩耍的抒情詩：「因此，她多麼會乞討、玩耍、跳躍、觀看、捕捉、拋擲，以她的腳，站起來勾懸在頭上的線繩，有時躡手躡腳，有時仰躺，單腳玩耍，有時俯臥，偶爾嘴咬，偶爾腳抓……」然而，他考量到這些文字可能讓自己顯得太過膚淺，顯然沉浸在與貓玩耍時的簡單喜悅中，因此他以下列的批判自我反省：「那其實完全可以稱為閒暇人的消遣。」接著，他喜歡上這個批判想法，繼續嚴厲批評愛貓者「那麼喜歡野獸，是因為他們對人類的慈愛太少」。

　　同時代的一位法國作家蒙田（Michel de Montaigne）設法避開這樣的偽善，誠實地描述：「當我與我的貓玩耍時，誰知道究竟是她藉我而娛樂，抑或是我藉她而自娛。我們以彼此的愚行娛樂對方……一旦我開始拒絕，她也開始。」這些文字透露出，即使在大家普遍認為貓既邪惡又危險，而且瘋狂加以迫害的時代，愛玩耍的貓仍有無法抗拒的感染力。托普塞警告說，與貓玩耍可能會損及肺臟並使空氣腐化：「曾經有一群修道士非常沉溺於飼養貓，並陪牠們玩耍，因而受到嚴重感染，片刻後，他們無一能夠說話、閱讀、禱告、吟唱，這情況擴

及所有修道士……」不過，撇開這些可笑的恐懼與迷信不談，玩耍的貓仍然繼續展現其魔力，而且幾乎所有憂鬱的人看了也都會入迷。

然而，有些人關心的是遊戲活動的本質，因為幾乎貓的所有遊戲都是基於某種暴力。他們注意到，即使是最小的幼貓也會攻擊其他貓或獵物。十八世紀時，法國博物學家布豐（Buffon）寫道：「年輕的貓歡愉、活潑、頑皮，如果不怕牠們的爪子，將會是孩童很好的娛樂。牠們的戲耍雖然輕快又愜意，但也不是全然無害，而且很快會習慣性地變成懷帶惡意。」這是第二種形式的偽善。布豐不僅試圖將觀看幼貓玩耍的喜悅貶低成小孩程度的娛樂，他更認為幼貓的遊戲有惡意，因為其中牽涉到殺死獵物；但這個獵殺技術正是人類一開始馴養貓的目的。

這些道德問題困擾著一種人，這種人既希望享受動物陪伴，又覺得必須根據一套人類價值來評斷牠們。不過近年來已經很少人關心這些道德問題了。由於達爾文進化哲學逐漸受接納，不僅讓我們接受每一個物種都有其自身權利，並從牠們的觀點來看待其行為，也意味著，我們從以善惡觀點解釋動物行為的沉重觀念中解放。如果貓殺死老鼠，我們可能為那隻老鼠感到難過，但不會再指控貓是邪惡的。同樣地，如果老鼠是有害動物，而且樂見其滅絕，也並不會因為貓完成對家庭的職責而讚揚牠的高尚行徑。我們整個態度已改觀。如今，我們將貓的行為視為屬於掠食肉食動物的自然特化，而且我們瞭解到，貓消除家中的老鼠，既不是「惡毒」與「殘暴」，也不是「忠誠」與「負責」。那只是貓之為貓的本性使然。

學會這個新觀點之後，我們就能輕鬆坐下來欣賞年輕幼貓玩耍時討人喜歡的惡作劇，不再需要在道德上故作姿態了。我們也可以客觀地觀察貓的遊戲型態，並以貓從基本遊戲發展出無止盡的變化為樂。目前，我們已經辨別出四種基本貓遊戲。

最早發展出來的是打架遊戲。大約三週大時，幼貓就開始跟同一

窩兄弟姊妹混戰。牠們會跳到彼此身上，在背上翻滾扭打。但沒有貓會受傷，因為剛開始貓咪沒有足以打傷對方的力氣，等有力氣之後，貓很快就會學到太用力的玩耍攻擊會使愉快的交鋒戛然而止。因此，貓很擅長拘謹攻擊的藝術。到了四週大時，打架遊戲會變得複雜，牠們會追逐、猛撲、用前腳緊緊抓住，也會用後腳施展強有力的踢技。此時也加入了其他主要的基本遊戲，每一種遊戲主題都與不同類型的獵物捕捉有關聯。其餘三種分別命名為「撲抓老鼠」、「拍打鳥類」和「撈魚」。

撲抓老鼠遊戲包括躲藏、蹲伏、匍匐前進，然後是狂奔和撲抓想像的齧齒目動物；那通常是貓媽媽不斷揮動的尾巴或地上的小東西。拍打鳥類遊戲包括同樣的接近方式，但接著的結束動作則是向上跳和前腳的瞬間一擊。引發這動作的刺激來源通常是從上頭懸掛下來的移動物體，或是飼主拋給幼貓的玩具。出現撈魚動作的時機則是地上的東西非常靜止的時候。幼貓會突然揮出爪子，並把東西撈到空中且向後飛越自己的肩膀，接著牠會轉身，得意洋洋地撲抓，彷彿在從河裡或溪裡撈起一隻魚，那隻魚飛落到身後方，此時必須保住戰果，以免它掙扎回到安全的水中。

在這一場又一場的遊戲中，幼貓的想像力發揮得淋漓盡致。任何會四處移動的小東西都可以當成犧牲品。發條老鼠、風鈴、泡過貓薄荷的球之類的昂貴玩具都可以當目標，而且年輕幼貓和年紀較大的貓都會對這些玩具有強烈反應。不過興趣可能為時很短，因為這些玩具通常有兩個大缺點：太硬也太重。理想的玩具要很輕，只要出一點力就可以讓它跑很遠；而且要很軟，尖銳的貓爪和牙齒才能插得進去，讓貓心滿意足。諷刺的是，這表示最令貓興奮的玩具也就是最簡單且最便宜的東西。一張銀色包裝紙緊緊捲成一顆球，或傳統的毛線球，就能提供最佳的娛樂效果。許多飼主紛紛發現，這些簡單的東西比任何花俏玩具都能讓愛玩的貓或幼貓專心玩更久。

　　所有的貓都會玩上述四種基本遊戲，但除此之外，每隻寵物貓也都會發展出自己的特殊遊戲。隨著年紀漸長，這些遊戲幾乎變得像儀式，也就是犒賞貓咪的小小例行公事。因為透過這些遊戲，貓可以和飼主或訪客社交互動。偉大的生物學家赫胥黎（Thomas Huxley）家裡有好多隻貓前仆後繼當老大，時間長達四十年。他曾描述其中一隻年輕虎斑公貓如何玩一個讓人恐慌的遊戲：那隻貓會跳到赫胥黎晚宴賓客的肩膀上，除非客人餵牠吃點東西，否則就不下來。這並不是因為貓餓了，而是遊戲造成的驚嚇效果為貓提供了娛樂。

　　有位飼主也發現另一個例行公事。當天氣潮濕時，如果他把好幾張報紙鋪在廚房地板上以保持地板乾淨，他養的一隻母貓會倒退靠到遠遠的牆邊，接著全速衝向報紙。一旦她碰到其中一張報紙，會立刻煞車並向前滑很遠，滑過整個廚房地板到達對面牆壁撞上去，但依舊站在她的「魔毯」上。然後，她會回到遠處的牆邊，等報紙擺好就定位，這樣就可以重複玩耍。

　　還有另一位飼主發現，如果他把一排硬幣放在餐具櫃上，貓會一個接一個把硬幣打下去。最後飼主把這遊戲變成一個特別的把戲：每當他彈一下手指，貓就打下一個硬幣。這隻貓也喜歡另一個遊戲，當飼主照順序指向每一把椅子時，牠就會隨之從這把椅子跳到另一把椅子上。

　　當你跟愈多貓飼主聊天之後，就會發現愈多貓個性上的變化。事實是，所有的貓都擁有貓行為的許多特點，包括最微小的細節。但是談到遊戲時間時，每隻貓似乎都有自己個別又獨特的方式，為牠與飼主的玩耍互動增添趣味。如果運氣好，貓也會碰到同樣愛玩耍的飼主。

最貴的貓有哪些？

當寵物貓生出一窩仔貓時，飼主通常很難找到志願者領養。對大多數人而言，不需金錢交易就獲得一隻幼貓很容易。但是有些人就是想要特殊的貓，而且準備花上大把鈔票。

擁有好血統而且很可能贏得冠軍的幼貓可以賣到很好的價錢。現今這樣的幼貓會讓想參賽者花上超過一百英鎊。證實獲得冠軍的可能賣更貴。

相對於冠軍貓，最貴的寵物貓是在紐約奢華百貨公司「內曼馬庫斯」（Neiman-Marcus）販售的貓。那些貓被稱為「設計師款小貓」，備有各種顏色，因為客戶可能會想跟自己的衣著或家裡裝潢搭配。百貨公司方面宣稱，這些獨一無二的動物是遺傳學家創造出來的；該遺傳學家謹慎混合各種純種貓，製造出完整系列的顏色以滿足每種品味，顏色從紅色、金色、銀色、青銅色到深灰色都有。除了顏色特殊之外，每隻幼貓都擁有「叢林貓斑紋」，可在所有常見的寵物貓之間鶴立雞群。這些特別繁殖的幼貓一隻單價高達一千四百美金。

設計師款小貓在一九八六年首度上市時曾引發抗議。動物福利團體相當震怒，他們控訴貓不應被當成「高價玩具」來行銷，而且他們警告想購買的顧客，「雜交繁殖可能會生出有怪異性格的貓」。他們提出警告，當那些貓長成完全成熟的貓時，牠們的行為可能會讓購買者嚇一大跳。這是很荒謬的批評，而且這種攻訐會讓動物福利組織聲譽受損。道理很簡單，他們認為花這麼多錢買小貓的觀念很惹人厭，

自己卻每天都要處死完全健康卻沒人要的小貓。與其為雜交的貓發明虛構的精神狀態，不如針對這些現象做出更誠實的陳述將會更有效果。事實上，雜交會生出混血的強健體魄，並創造出比純種血統貓更健壯、活得更久的貓。

78

為什麼我們會用it is raining cats and dogs 來形容傾盆大雨？

　　這個片語是在數世紀以前開始流行，當時城鎮的街道都很狹窄、骯髒，而且排水不良。偶爾來場暴風雨就會造成大水災，淹死大量四處覓食又吃不飽的貓和狗。傾盆大雨結束後，人們從家裡出來，看到這些不幸動物的屍體，而比較容易上當的人就認為這些屍體是從天上掉下來的。

　　強納森‧斯威夫特[8]在一七一〇年曾寫下一則關於暴風雨帶來的嚴重都市災難，正支持上述看法：「現在，四面八方的狗舍浮起來順水流，帶著戰利品隨波而去……溺斃的小狗、發臭的鯡魚，全都泡在泥漿中，死貓，以及蘿蔔頭，順著洪水翻滾而下。」

　　對於這個片語，有些古典主義者偏好較古老的解釋，他們認為那是從「瀑布」的希臘字catadupa衍生而來。如果大雨如注彷彿瀑布，就會說raining catadupa，這個說法逐漸轉變成raining cats and dogs。

---

[8] 強納森‧斯威夫特（Jonathan Swift, 1667-1745），以《格列弗遊記》（Gulliver's Travels）聞名於世。

為什麼許多黑貓身上有少許白毛？

　　如果你擁有一隻尋常的黑貓，不是純種「黑色短毛貓」（Black Shorthair），可能很容易注意到牠身上會有一小片白毛，有些可以明顯看見，有些則幾乎難以察覺。或者是全黑的貓，卻有一根鬍鬚是白的。更常見的情況是胸前有少許白毛。為什麼會有這種情形？

　　這當然不是意外。這是歐洲貓歷史災難時期的紀念品。黑貓是一個獨特的顏色類型，其血統可追溯到古腓尼基人，他們從埃及偷走一些神聖的貓，開始在地中海地區交易。旅程中似乎產生出黑色變體，並且相當受歡迎；也許是因為天然的夜間保護色有助牠成為更有效率的獵人。黑貓遍及全歐洲，直到中世紀時與黑魔法和巫術產生關聯。此後數世紀期間，黑貓遭到迫害。基督教會在聖約翰節當天舉辦年度的燒死活貓儀式。在這些殘酷儀式中，人們最偏好最邪惡也最墮落的「撒旦貓」，於是狂熱地找出全黑的貓送上火堆。但是在虔誠的敬神者心中，必須是全黑的貓才真正邪惡。黑色毛皮上的一小片白毛可能被視為不邪惡的象徵，畢竟，貓是獻身於撒旦的，非全黑不可。

　　由於這樣的區別，全黑的貓愈來愈不普遍，而身上帶有白毛的黑貓便倖存下來。在貓的顏色上，宗教扮演著強有力的選擇權。

　　到了十七世紀，貓的迫害開始式微，但新的危機又出現。當時的人相信，貓（或貓的重要部位）是各種疼痛和虛弱的萬靈丹。人們認為，把全黑的貓的尾巴切下來並埋在住家的門階底下，可以防止家中所有人染上疾病和不健康。

英國博物學家托普塞在一六五八年的文章中明確指出，若要治癒眼盲或眼睛疼痛，「取黑貓頭，必須毫無其他顏色斑點，燒成粉末放進含鉛或上過釉的陶鍋中，然後將粉末透過羽毛管吹進眼睛，一天三次」（文中粗體並非來自原文，而是要提醒讀者注意即將失去頭的黑貓的重要特點）。如此一來，繼多年的宗教壓迫對純黑貓不利之後，現在又多了醫療騙術的壓迫。難怪現今的黑貓會經常長出一小撮白毛，作為保護自己免於古代人類愚行的標記。

如今，純黑貓可能是一個特殊品種個例。自從比賽型貓展開始後，針對貓毛顏色又出現了第三個選擇壓迫：純化的選擇。現在，全身黑毛黑得發亮但帶有幾撮白毛或白色條紋的幼貓會被忽略，只有完全沒有點綴的黑貓會被選來繁殖；那些點綴卻一度是存活的關鍵。即使如此，有一點很重要，在大多數關於貓養殖與血統標準的書中，標題「毛色」之下有一個小小的警語透露玄機，這段話指出，毛「應該濃密，且一點白毛也沒有」。對於清楚規定顏色應該全黑的血統品種而言，這個註解非做不可正是強有力的提醒，表示即使經過一世紀的特化、選擇性養殖，帶有一點白毛或白色條紋的黑貓依然存在。

讓擁有長了一點白毛、非純種黑貓的飼主欣慰的是，我們不用把黑貓身上的特殊標記視為雜種缺陷，而是視為遺留自古早歐洲貓歷史中，攸關生死又珍貴無比的紀念品。

80

為什麼黑貓會帶來好運？

　　在英國與其他地方的人長期以來一直認為，黑貓通過你要走的路或進入你家，將會為你帶來好運。這個迷信有三個起源。

　　第一個起源可追溯到古埃及，當時的人認為神聖的貓會對照顧牠的人帶來許多祝福。真正的祝福當然是牠能減少老鼠的數量。但是透過神話與傳說，這個實用價值已被擴大成普遍祝福了。

　　第二個起源來自中世紀，當時大家都害怕並痛恨「邪惡的貓」。因此人們相信，如果有隻貓通過你要走的路，而且沒有傷害到你的話，那表示你非常幸運。因而形成黑貓與好運的關聯。

　　第三個起源比較切合實際。有一個古老英國諺語這麼說：「只要家有黑貓棲身，姑娘就不缺情人。」此處的黑貓被當作性吸引力的象徵。

　　在以上所有情況中，黑色之所以被視為特別幸運，是因為這個顏色與神祕活動有關，但是這與大西洋彼岸的美國剛好相反；在美國，白貓代表幸運，而黑貓則是壞運氣。

國家圖書館出版品預行編目資料

貓咪學問大——人類最想問的80個喵什麼 / 德斯蒙
德‧莫里斯（Desmond Morris）著；黃建仁譯. 初版.
——台北市：商周出版：家庭傳媒城邦分公司發行，
2011.06 面；公分.——（petBlog；11）
　　譯自：Catwatching
　　ISBN 978-986-120-880-0（平裝）
　1. 貓　2. 動物行為

437.36　　　　　　　　　　　　　　　100010591

petBlog 11
貓咪學問大 Catwatching

作　　　者	德斯蒙德‧莫里斯（Desmond Morris）
攝　　　影	王竹君
譯　　　者	黃建仁
企 畫 選 書	黃靖卉
責 任 編 輯	余筱嵐
版　　　權	林心紅
行 銷 業 務	林詩富、葉彥希
總　編　輯	黃靖卉
總　經　理	彭之琬
發　行　人	何飛鵬
法 律 顧 問	台英國際商務法律事務所羅明通律師
出　　　版	商周出版

　　　　　　　台北市104民生東路二段141號9樓
　　　　　　　電話：(02) 25007008　傳真：(02)25007759
　　　　　　　E-mail:bwp.service@cite.com.tw

發　　　行	英屬蓋曼群島商家庭傳媒股份有限公司城邦分公司

　　　　　　　台北市中山區民生東路二段141號2樓
　　　　　　　書虫客服服務專線：02-25007718；25007719
　　　　　　　服務時間：週一至週五上午09:30-12:00；下午13:30-17:00
　　　　　　　24小時傳真專線：02-25001990；25001991
　　　　　　　劃撥帳號：19863813；戶名：書虫股份有限公司
　　　　　　　讀者服務信箱：service@readingclub.com.tw
　　　　　　　城邦讀書花園：www.cite.com.tw

香港發行所	城邦（香港）出版集團有限公司

　　　　　　　香港灣仔駱克道193號東超商業中心1樓 E-mail:hkcite@biznetvigator.com
　　　　　　　電話：(852) 25086231　傳真：(852) 25789337

馬新發行所	城邦（馬新）出版集團【Cite (M) Sdn. Bhd. (458372U)】

　　　　　　　11, Jalan 30D/146, Desa Tasik, Sungai Besi,
　　　　　　　57000 Kuala Lumpur, Malaysia
　　　　　　　電話：(603) 90563833　傳真：(603) 90562833

封 面 設 計	朱陳毅 Bert Design
美 術 編 輯	陳健美
印　　　刷	韋懋事業有限公司
總　經　銷	聯合發行股份有限公司 電話：(02) 29178022　傳真：(02) 29156275

■2011年6月28日初版　　　　　　　　　　　Printed in Taiwan
■2012年9月18日初版8刷
定價350元
Catwatching by Desmond Morris
First published by Jonathan Cape in 1986
Text Copyright © 1986 Desmond Morris
This edition arranged with Jonathan Cape, a division of The Random House Group, Ltd.
through Big Apple Agency, Inc., Labuan, Malaysia
Traditional Chinese edition copyright: 2011 BUSINESS WEEKLY PUBLICATIONS, A DIVISION OF CITE PUBLISHING LTD.
All rights reserved.

城邦讀書花園
www.cite.com.tw

廣　告　回　函
北區郵政管理登記證
北臺字第000791號
郵資已付，免貼郵票

104　台北市民生東路二段141號2樓

英屬蓋曼群島商家庭傳媒股份有限公司城邦分公司　收

- -

請沿虛線對摺，謝謝！

書號：BU8011　　書名：貓咪學問大　　　　編碼：

 商周出版

讀 者 回 函 卡

謝謝您購買我們出版的書籍!請費心填寫此回函卡,我們將不定期寄上城邦集團最新的出版訊息。

姓名:＿＿＿＿＿＿＿＿＿＿＿＿＿＿＿＿＿＿＿＿＿＿

性別:□男　　□女

生日:西元＿＿＿＿＿＿年＿＿＿＿月＿＿＿＿日

地址:＿＿＿＿＿＿＿＿＿＿＿＿＿＿＿＿＿＿＿＿＿＿

聯絡電話:＿＿＿＿＿＿＿＿＿傳真:＿＿＿＿＿＿＿＿

E-mail:＿＿＿＿＿＿＿＿＿＿＿＿＿＿＿＿＿＿＿＿

職業:□1.學生 □2.軍公教 □3.服務 □4.金融 □5.製造 □6.資訊

　　　□7.傳播 □8.自由業 □9.農漁牧 □10.家管 □11.退休

　　　□12.其他＿＿＿＿＿＿＿＿＿＿＿＿＿＿＿＿＿＿

您從何種方式得知本書消息?

　　　□1.書店□2.網路□3.報紙□4.雜誌□5.廣播 □6.電視 □7.親友推薦

　　　□8.其他＿＿＿＿＿＿＿＿＿＿＿＿＿＿＿＿＿

您通常以何種方式購書?

　　　□1.書店□2.網路□3.傳真訂購□4.郵局劃撥 □5.其他＿＿＿＿＿

您喜歡閱讀哪些類別的書籍?

　　　□1.財經商業□2.自然科學 □3.歷史□4.法律□5.文學□6.休閒旅遊

　　□7.小說□8.人物傳記□9.生活、勵志□10.其他＿＿＿＿＿＿＿

對我們的建議:＿＿＿＿＿＿＿＿＿＿＿＿＿＿＿＿＿

＿＿＿＿＿＿＿＿＿＿＿＿＿＿＿＿＿＿＿＿＿＿＿＿

＿＿＿＿＿＿＿＿＿＿＿＿＿＿＿＿＿＿＿＿＿＿＿＿

＿＿＿＿＿＿＿＿＿＿＿＿＿＿＿＿＿＿＿＿＿＿＿＿

＿＿＿＿＿＿＿＿＿＿＿＿＿＿＿＿＿＿＿＿＿＿＿＿